JN099307

つないでナットク！

SEQUENCE CONTROL

シーケンス制御

ドリル60問

田中 淑晴 著

これからシーケンス制御を学ぶ方に
わかりやすいドリル形式で！

電気書院

はじめに

　シーケンス技術は，ものづくりの現場である産業機械をはじめとして，身近にあるエレベータや自動ドアなどにも使われています．以前は，電磁リレーによって物理的に電気回路（信号）を切替えるリレー・シーケンス制御が使われていました．近年では PLC（Programmable Logical controller）によって制御されることが多くなりました．しかし，PLC・シーケンスであっても，その動作手順の考え方およびスイッチやランプなど配線を伴うことなどは，リレー・シーケンスとほとんど同じです．そのため，リレー・シーケンスのみならず，PLC・シーケンスを使われるまたは使おうとされる方にとっても，本書は一助になるものと思います．

　本書は，全 60 問についてシーケンス図をつくり，そのシーケンス図を基に実体配線図を描くように構成しました．その中で基礎的または重要なことは吹き出しで注記しています．また，リレー・シーケンスで使われる基本的なスイッチやランプをはじめ，ブザーや電動機など幅広く一通りの要素を取り上げています．さらに，より理解を深めて頂くために，一部の問題では真理値表やタイムチャートも取り上げています．各要素の機能を理解して頂くためにシンプルな問題で構成しましたが，問題 49 以降は要素を複数組み合わせた発展的な問題になっています．（一部の大掛かりな問題を除いて）問題と解答例は見開きで見ることができるため，下敷きのようなもので解答例を隠し問題を解いて頂き，巻末・章末などの解答を探す手間なく，すぐに解答例と見比べられるように配慮しました．内容についてですが，リレー・シーケンスの電源電圧は交流 100 V や直流 24 V などあります．本書では直流 24 V とし，電動機では三相交流 200 V としています．

　末筆となりますが，本書執筆の機会を与えて頂いた株式会社電気書院の近藤知之氏をはじめ関係の皆様，問題作成にあたり助力頂いた豊田工業高等専門学校の池戸さくら氏に感謝致します．

■ 本書の説明

　本書は見開きで（一部を除き）左ページに問題，右ページに解答例を記載しており，巻末に解答を探しにいく煩わしさを取り除いています．

　下敷きなどを使用して解答例を隠して解いて頂くと，より理解が進みます．

① シーケンス図

　「シーケンス図」とは，シーケンス制御による各機器の動作の順序をわかりやすく示したもので，展開接続図やシーケンスダイヤグラムなどという．横書きまたは縦書きで示され，横書きは上から順に，縦書きは左から順に動作が進む．本書では横書きを用い，左右の縦線は電源母線を表す．

　破線四角の中には，リレーの接点やボタンスイッチなどの図記号を記入し，実線四角の中には，ボタンスイッチを示す BS などの文字記号や端子番号などの英数字を記入する．

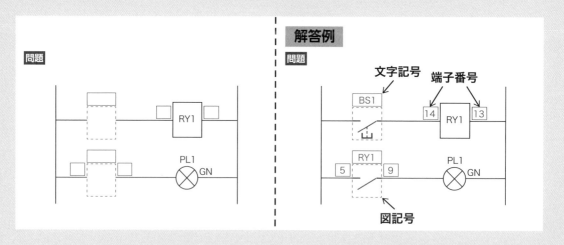

② 真理値表

　「真理値表」とは，ボタンスイッチやランプなどの動作が ON または OFF の状態を数値の1 または 0 で示す．点灯や消灯，開路や閉路などのように文字で示される動作表より，視覚的にわかりやすいため用いられる．

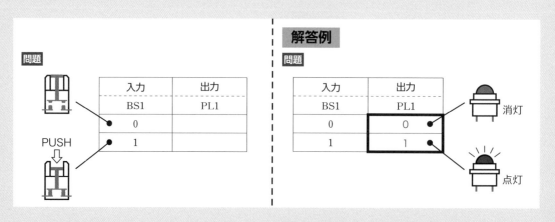

③ 実体配線図

「実体配線図」とは，実物と同じような機器を描き，それらを線で結んだ配線を描くことによって，実際の配線に近い図となる回路図の一つである．本書では，電源の＋側を■■色，－側を■■色，信号線を■■色で表し，実態に近くなるように一つの端子には２本までのみ接続することとする．実際の配線作業でも，赤色，黄色，青色の線種を使用して配線をするとわかりやすく，配線ミスも少なくなる．

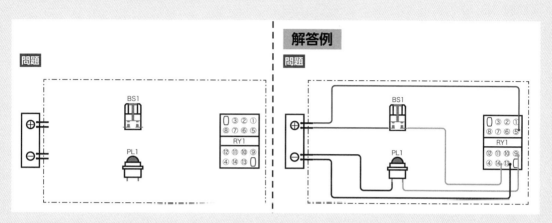

④ タイムチャート

「タイムチャート」とは，それぞれの機器が時間とともに，どのように動作するのかを図で示したものである．シーケンス制御では，ボタンスイッチの ON/OFF，ランプの点灯 / 消灯，リレーの励磁 / 消磁などのような動作や真理値表の 1/0 のように２値（２つの動作）で表される．それを時間の経過とともに動作を図にまとめたものがタイムチャートとなる．通常，タイムチャートでは横軸に時間を設定しないが，本書では，タイマーを使った問題があるため時間を記載する．

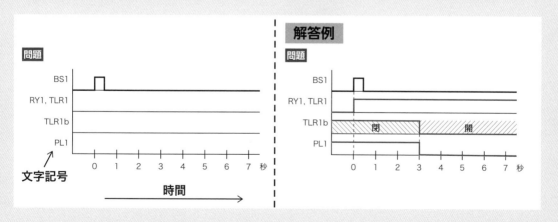

目　次

ボタンスイッチ（BS1）を押している間，ランプ（PL1）が点灯する回路を作成しなさい．

(a) シーケンス図を描きなさい． ［ ］のなかに図記号を，□ のなかに英数字を記入しなさい．

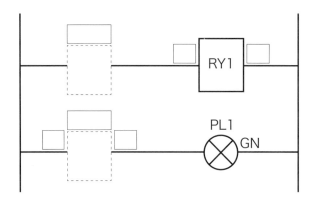

(b) 真理値表に数字を記入しなさい．

入力	出力
BS1	PL1
0	
1	

(c) 実体配線図を描きなさい． ［ ］のなかで線を結び，回路図を完成させなさい．

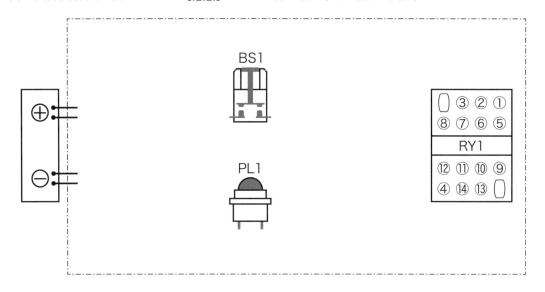

問題1 ボタンスイッチ（BS1）を押している間，ランプ（PL1）が点灯する回路を作成しなさい.

(a) シーケンス図を描きなさい. ┄┄のなかに図記号を，□□のなかに英数字を記入しなさい.

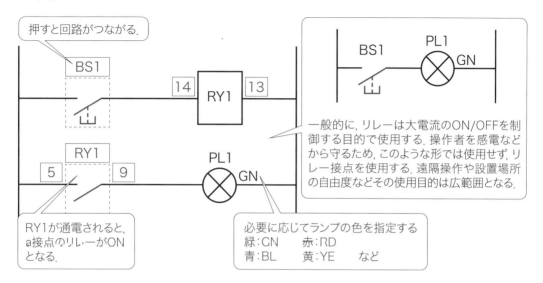

押すと回路がつながる.

BS1

一般的に, リレーは大電流のON/OFFを制御する目的で使用する. 操作者を感電などから守るため, このような形では使用せず, リレー接点を使用する. 遠隔操作や設置場所の自由度などその使用目的は広範囲となる.

RY1が通電されると, a接点のリレーがONとなる.

必要に応じてランプの色を指定する
緑:CN   赤:RD
青:BL   黄:YE   など

(b) 真理値表に数字を記入しなさい.

入力	出力
BS1	PL1
0	0
1	1

(c) 実体配線図を描きなさい. ┄┄のなかで線を結び，回路図を完成させなさい.

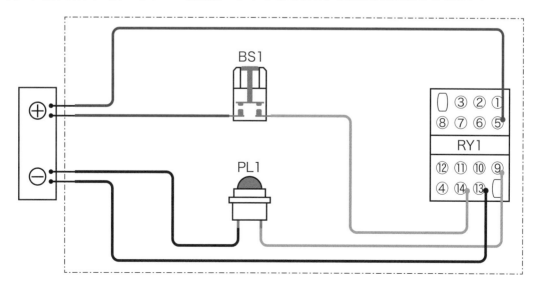

3

問題 2 点灯しているランプ (PL1) が b 接点のボタンスイッチ (BS1) を押している間，消灯する回路を作成しなさい.

(a) シーケンス図を描きなさい. ┊┈┈┊ のなかに図記号を，☐ のなかに英数字を記入しなさい.

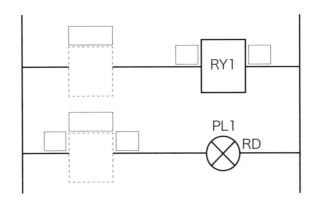

(b) 真理値表に数字を記入しなさい.

入力	出力
BS1	PL1
0	
1	

(c) 実体配線図を描きなさい. ┊┈┈┊ のなかで線を結び，回路図を完成させなさい.

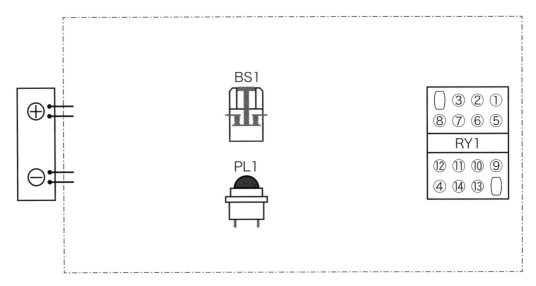

解答例

問題 2 点灯しているランプ（PL1）が b 接点のボタンスイッチ（BS1）を押している間，消灯する回路を作成しなさい．

(a) シーケンス図を描きなさい．┌┄┄┄┐のなかに図記号を，□□□のなかに英数字を記入しなさい．

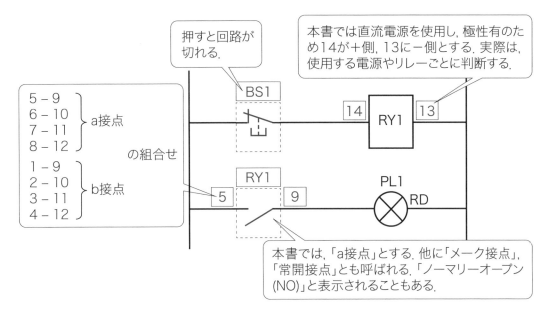

押すと回路が切れる．

本書では直流電源を使用し，極性有のため14が＋側，13に−側とする．実際は，使用する電源やリレーごとに判断する．

5 − 9
6 − 10　a接点
7 − 11
8 − 12
　　　　の組合せ
1 − 9
2 − 10　b接点
3 − 11
4 − 12

本書では，「a接点」とする．他に「メーク接点」，「常開接点」とも呼ばれる．「ノーマリーオープン（NO）」と表示されることもある．

(b) 真理値表に数字を記入しなさい．

入力	出力
BS1	PL1
0	1
1	0

(c) 実体配線図を描きなさい．┌┄┄┄┐のなかで線を結び，回路図を完成させなさい．

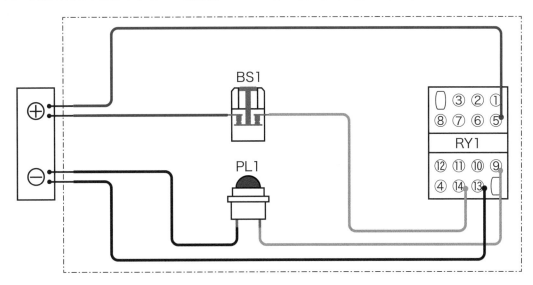

5

問題 3

ボタンスイッチ (BS1) とボタンスイッチ (BS2) を同時に押すとランプ (PL1) が点灯する回路を作成しなさい.

(a) シーケンス図を描きなさい. ┆┄┄┆のなかに図記号を, □□□のなかに英数字を記入しなさい. さらに抜けている線があれば加えなさい.

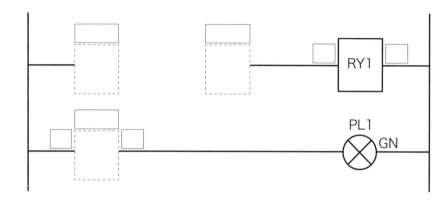

(b) 真理値表に数字を記入しなさい.

入力		出力
BS1	BS2	PL1
0	0	
0	1	
1	0	
1	1	

(c) 実体配線図を描きなさい. ┆┄┄┆のなかで線を結び, 回路図を完成させなさい.

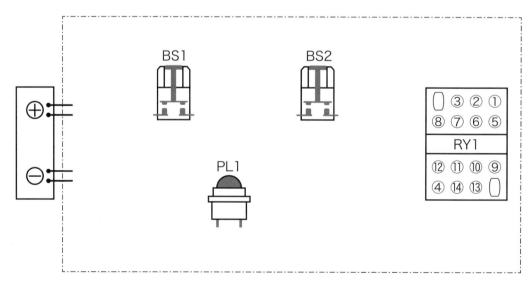

解答例

問題3 ボタンスイッチ(BS1)とボタンスイッチ(BS2)を同時に押すとランプ(PL1)が点灯する回路を作成しなさい.

(a) シーケンス図を描きなさい. [⋯]のなかに図記号を, [___]のなかに英数字を記入しなさい. さらに抜けている線があれば加えなさい.

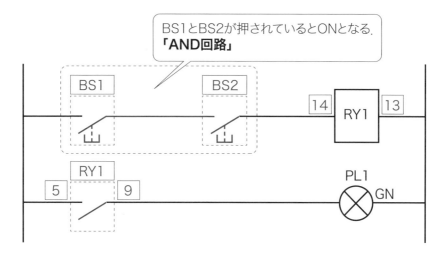

BS1とBS2が押されているとONとなる.
「AND回路」

(b) 真理値表に数字を記入しなさい.

入力		出力
BS1	BS2	PL1
0	0	0
0	1	0
1	0	0
1	1	1

(c) 実体配線図を描きなさい. [⋯]のなかで線を結び, 回路図を完成させなさい.

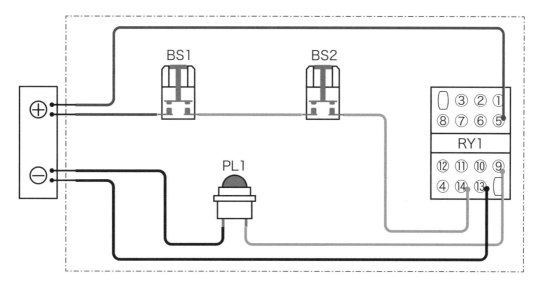

7

問題 4 ボタンスイッチ (BS1) またはボタンスイッチ (BS2) のどちらかを押すとランプ (PL1) が点灯する回路を作成しなさい.

(a) シーケンス図を描きなさい. ┌┄┄┐のなかに図記号を, ┌──┐のなかに英数字を記入しなさい. さらに抜けている線があれば加えなさい.

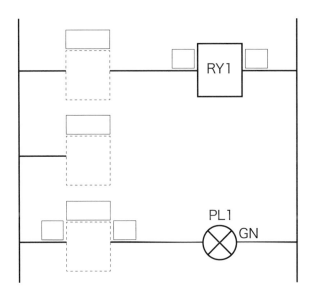

(b) 真理値表に数字を記入しなさい.

入力		出力
BS1	BS2	PL1
0		
0		
1		
1		

解答例

問題 4 ボタンスイッチ（BS1）またはボタンスイッチ（BS2）のどちらかを押すとランプ（PL1）が点灯する回路を作成しなさい.

(a) シーケンス図を描きなさい. ◌◌◌◌ のなかに図記号を，☐☐☐ のなかに英数字を記入しなさい. さらに抜けている線があれば加えなさい.

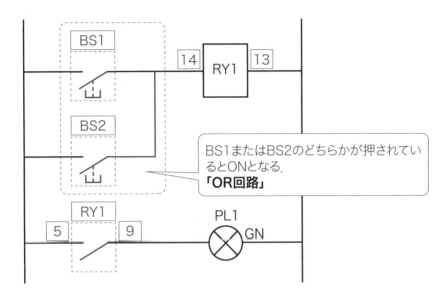

BS1またはBS2のどちらかが押されているとONとなる.
「OR回路」

(b) 真理値表に数字を記入しなさい.

入力		出力
BS1	BS2	PL1
0	0	0
0	1	1
1	0	1
1	1	1

問題 4 ボタンスイッチ(BS1)またはボタンスイッチ(BS2)のどちらかを押すとランプ (PL1)が点灯する回路を作成しなさい.

(c) 実体配線図を描きなさい. `┌─────┐`のなかで線を結び,回路図を完成させなさい.

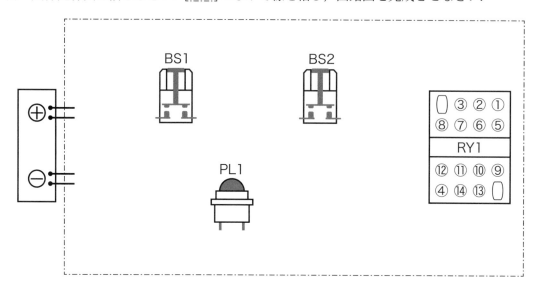

解答例

問題4 ボタンスイッチ (BS1) またはボタンスイッチ (BS2) のどちらかを押すとランプ (PL1) が点灯する回路を作成しなさい.

(c) 実体配線図を描きなさい. ［＿＿＿］のなかで線を結び，回路図を完成させなさい.

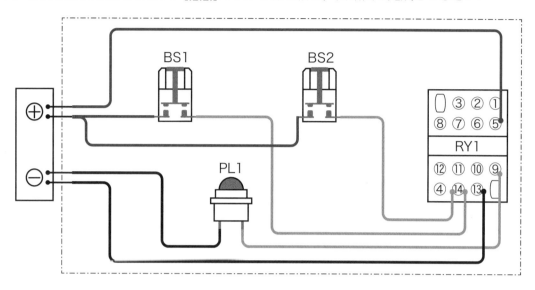

問題 5 点灯しているランプ（PL1）がa接点のボタンスイッチ（BS1）を押すと消灯する回路を作成しなさい.

(a) シーケンス図を描きなさい. ┌┈┈┐のなかに図記号を, ☐のなかに英数字を記入しなさい.

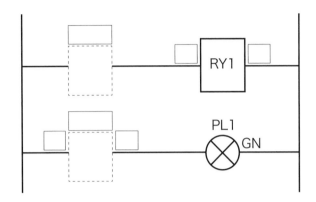

(b) 真理値表に数字を記入しなさい.

入力	出力
BS1	PL1
0	
1	

(c) 実体配線図を描きなさい. ┌┈┈┐のなかで線を結び, 回路図を完成させなさい.

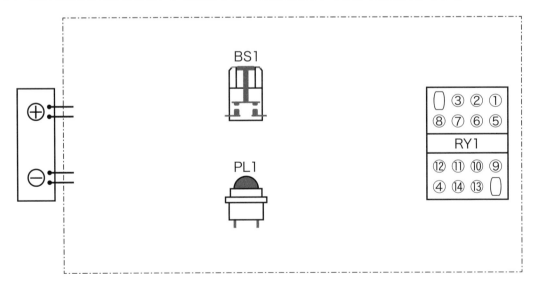

問題5 点灯しているランプ (PL1) が a 接点のボタンスイッチ (BS1) を押すと消灯する回路を作成しなさい.

(a) シーケンス図を描きなさい. ┈┈ のなかに図記号を, ▢ のなかに英数字を記入しなさい.

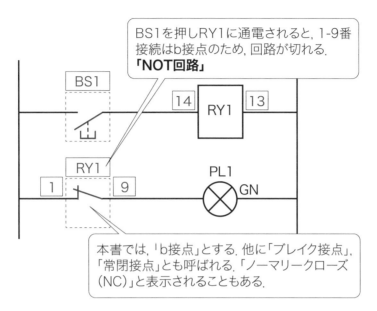

BS1を押しRY1に通電されると, 1-9番接続はb接点のため, 回路が切れる.
「NOT回路」

本書では, 「b接点」とする. 他に「ブレイク接点」, 「常閉接点」とも呼ばれる.「ノーマリークローズ (NC)」と表示されることもある.

(b) 真理値表に数字を記入しなさい.

入力	出力
BS1	PL1
0	1
1	0

(c) 実体配線図を描きなさい. ┈┈ のなかで線を結び, 回路図を完成させなさい.

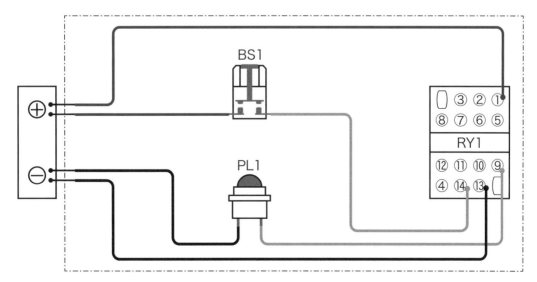

問題 6 点灯しているランプ（PL1）がボタンスイッチ（BS1）とボタンスイッチ（BS2）を同時に押すと消灯する回路を作成しなさい.

(a) シーケンス図を描きなさい. ⬚のなかに図記号を，☐のなかに英数字を記入しなさい.

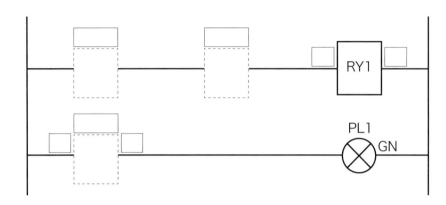

(b) 真理値表に数字を記入しなさい.

入力		出力
BS1	BS2	PL1
0		
0		
1		
1		

(c) 実体配線図を描きなさい. ⬚のなかで線を結び，回路図を完成させなさい.

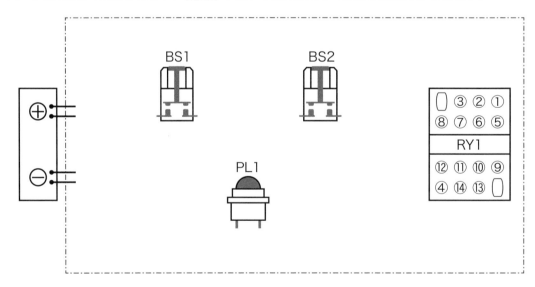

解答例

問題6 点灯しているランプ (PL1) がボタンスイッチ (BS1) とボタンスイッチ (BS2) を同時に押すと消灯する回路を作成しなさい.

(a) シーケンス図を描きなさい. ┊┄┄┄┊ のなかに図記号を, └──┘ のなかに英数字を記入しなさい.

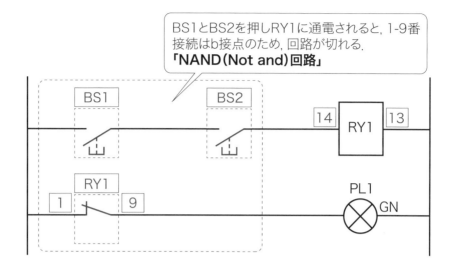

> BS1とBS2を押しRY1に通電されると, 1-9番接続はb接点のため, 回路が切れる.
> **「NAND(Not and)回路」**

(b) 真理値表に数字を記入しなさい.

入力		出力
BS1	BS2	PL1
0	0	1
0	1	1
1	0	1
1	1	0

(c) 実体配線図を描きなさい. ┊┄┄┄┊ のなかで線を結び, 回路図を完成させなさい.

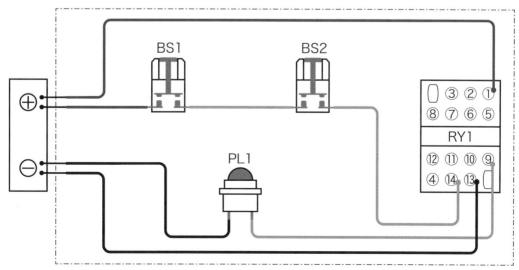

問題 7 点灯しているランプ（PL1）がボタンスイッチ（BS1）またはボタンスイッチ（BS2）のどちらかを押すと消灯する回路を作成しなさい.

(a) シーケンス図を描きなさい. ⌐¨¨¨¨⌐のなかに図記号を, ⌐──⌐のなかに英数字を記入しなさい.

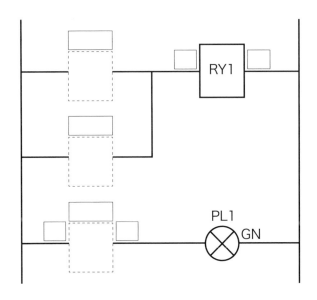

(b) 真理値表に数字を記入しなさい.

入力		出力
BS1	BS2	PL1
0		
0		
1		
1		

16

解答例

問題7 点灯しているランプ（PL1）がボタンスイッチ（BS1）またはボタンスイッチ（BS2）のどちらかを押すと消灯する回路を作成しなさい.

(a) シーケンス図を描きなさい. ┈┈ のなかに図記号を, ▭ のなかに英数字を記入しなさい.

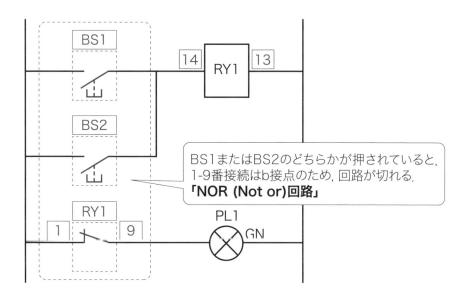

BS1またはBS2のどちらかが押されていると,
1-9番接続はb接点のため, 回路が切れる.
「NOR (Not or)回路」

(b) 真理値表に数字を記入しなさい.

入力		出力
BS1	BS2	PL1
0	0	1
0	1	0
1	0	0
1	1	0

問題7 点灯しているランプ (PL1) がボタンスイッチ (BS1) またはボタンスイッチ (BS2) のどちらかを押すと消灯する回路を作成しなさい.

(c) 実体配線図を描きなさい. ┌──┐のなかで線を結び, 回路図を完成させなさい.

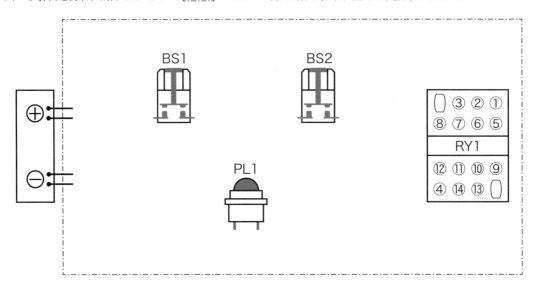

解答例

問題 7 点灯しているランプ（PL1）がボタンスイッチ（BS1）またはボタンスイッチ（BS2）のどちらかを押すと消灯する回路を作成しなさい.

(c) 実体配線図を描きなさい. のなかで線を結び，回路図を完成させなさい.

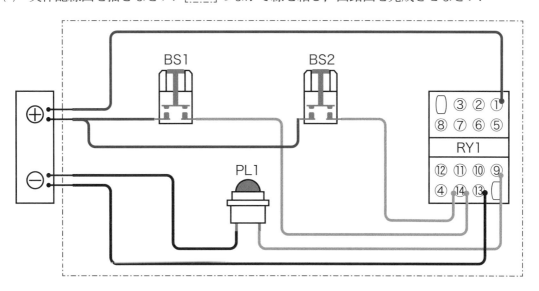

問題 8 ボタンスイッチ (BS1) を一度押すとランプ (PL1) が点灯し続け，ボタンスイッチ (BS2) を押すとランプ (PL1) が消灯する回路を作成しなさい．

(a) シーケンス図を描きなさい． ⬚ のなかに図記号を， ☐ のなかに英数字を記入しなさい．

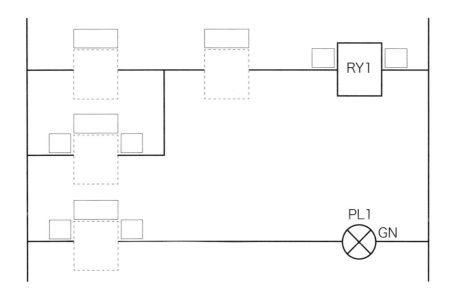

(b) 実体配線図を描きなさい． ⬚ のなかで線を結び，回路図を完成させなさい．

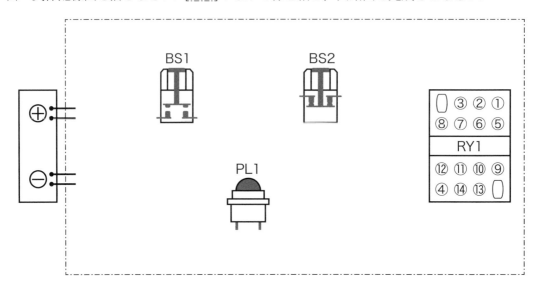

解答例

問題8 ボタンスイッチ(BS1)を一度押すとランプ(PL1)が点灯し続け,ボタンスイッチ
(BS2)を押すとランプ(PL1)が消灯する回路を作成しなさい.

(a) シーケンス図を描きなさい. ┈┈のなかに図記号を, ▭のなかに英数字を記入し
なさい.

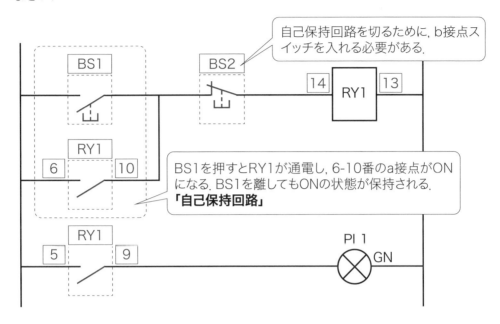

自己保持回路を切るために,b接点ス
イッチを入れる必要がある.

BS1を押すとRY1が通電し,6-10番のa接点がON
になる.BS1を離してもONの状態が保持される.
「自己保持回路」

(b) 実体配線図を描きなさい. ┈┈のなかで線を結び,回路図を完成させなさい.

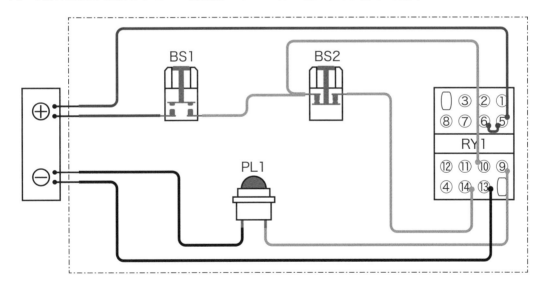

21

問題 9 ボタンスイッチ(BS1, BS2, BS3)のいずれかを押すとランプ(PL1)が点灯し続け,ボタンスイッチ(BS4)を押すと消灯する回路を作成しなさい.

(a) シーケンス図を描きなさい. ┌┈┈┈┐のなかに図記号を, ┌───┐のなかに英数字を記入しなさい. さらに抜けている線があれば加えなさい.

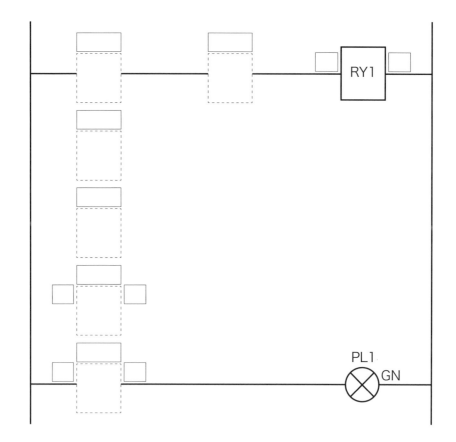

(b) 実体配線図を描きなさい. ┌┈┈┐のなかで線を結び,回路図を完成させなさい.

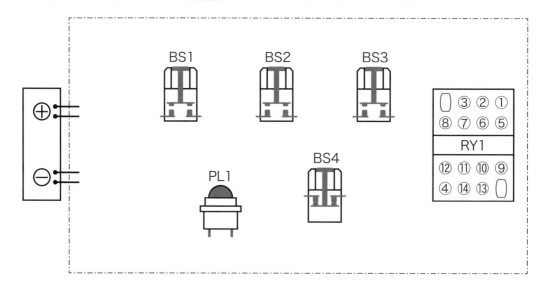

問題9 ボタンスイッチ (BS1, BS2, BS3) のいずれかを押すとランプ (PL1) が点灯し続け, ボタンスイッチ (BS4) を押すと消灯する回路を作成しなさい.

(a) シーケンス図を描きなさい. ⬚ のなかに図記号を, ☐ のなかに英数字を記入しなさい. さらに抜けている線があれば加えなさい.

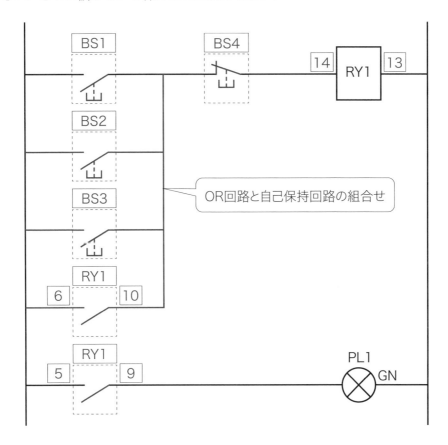

(b) 実体配線図を描きなさい. ⬚ のなかで線を結び, 回路図を完成させなさい.

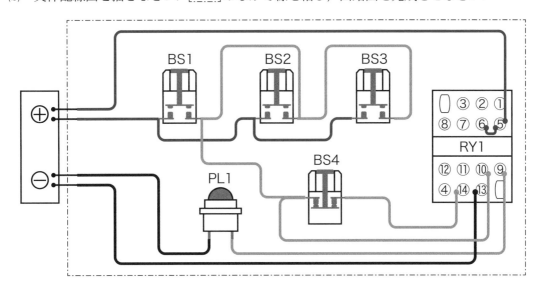

トグルスイッチ (ON-ON) (TGS1) を用いて，ランプ (PL1) を点灯・消灯する回路を作成しなさい.

(a) シーケンス図を描きなさい. ┊┈┈┊のなかに図記号を，□□のなかに英数字を記入しなさい.

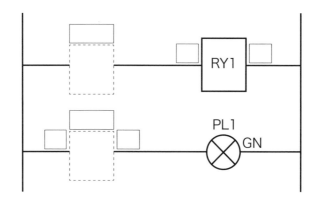

(b) 実体配線図を描きなさい. ┊┈┈┊のなかで線を結び，回路図を完成させなさい.

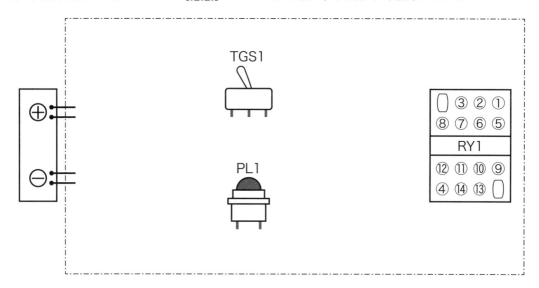

24

解答例

問題10 トグルスイッチ（ON-ON）（TGS1）を用いて，ランプ（PL1）を点灯・消灯する回路を作成しなさい．

(a) シーケンス図を描きなさい． ┆┄┄┆のなかに図記号を，☐☐のなかに英数字を記入しなさい．

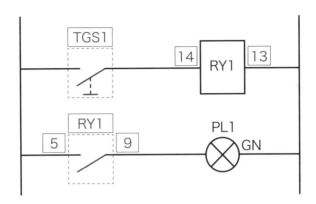

(b) 実体配線図を描きなさい． ┆┄┄┆のなかで線を結び，回路図を完成させなさい．

トグルスイッチには，単投形や双投形，2ノッチ(ON-ON)やレバーを中央に止めOFFとできる3ノッチ(ON-OFF-ON)など多種ある．

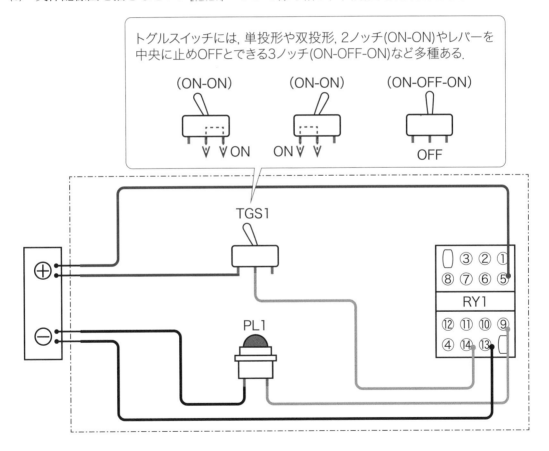

問題 11 セレクタスイッチ (ON-OFF) (COS1) を ON にしてボタンスイッチ (BS1) を押すと，ランプ (PL1) が点灯する回路を作成しなさい．

(a) シーケンス図を描きなさい． [____]のなかに図記号を，[____]のなかに英数字を記入しなさい．

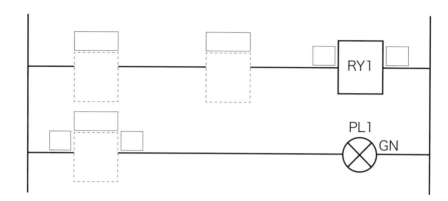

(b) 実体配線図を描きなさい． [____]のなかで線を結び，回路図を完成させなさい．

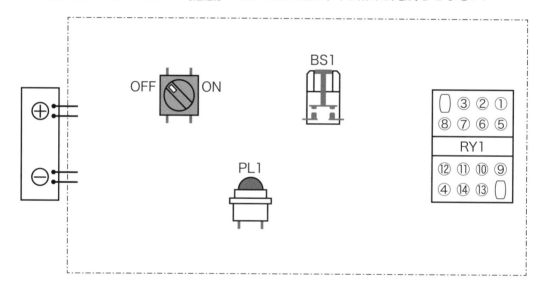

解答例

問題11 セレクタスイッチ (ON-OFF) (COS1) を ON にしてボタンスイッチ (BS1) を押すと，ランプ (PL1) が点灯する回路を作成しなさい．

(a) シーケンス図を描きなさい． ┊┄┄┊のなかに図記号を，□□のなかに英数字を記入しなさい．

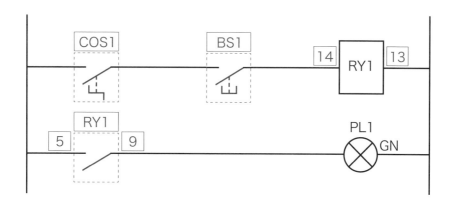

(b) 実体配線図を描きなさい． ┊┄┄┊のなかで線を結び，回路図を完成させなさい．

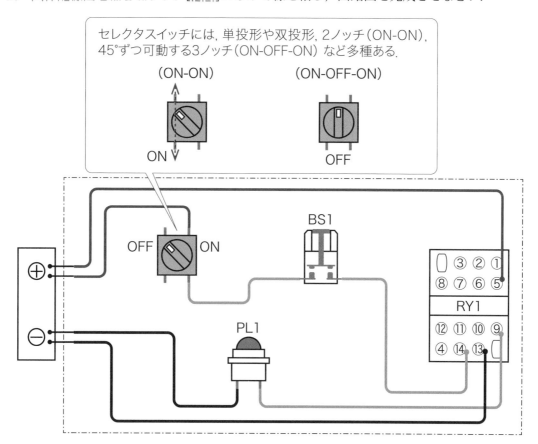

問題 12 ボタンスイッチ (BS1) を押すと，ランプ (PL1) とランプ (PL2) が点灯する回路を作成しなさい．

(a) シーケンス図を描きなさい． のなかに図記号を， のなかに英数字を記入しなさい．

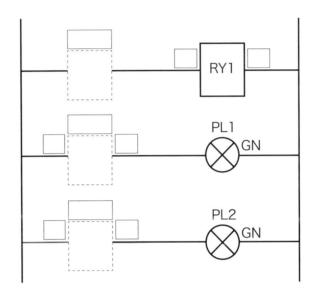

(b) 実体配線図を描きなさい． のなかで線を結び，回路図を完成させなさい．

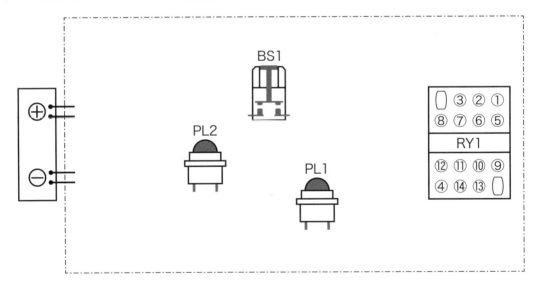

問題12 ボタンスイッチ(BS1)を押すと,ランプ(PL1)とランプ(PL2)が点灯する回路を作成しなさい.

(a) シーケンス図を描きなさい. ┌┈┈┐のなかに図記号を, □ のなかに英数字を記入しなさい.

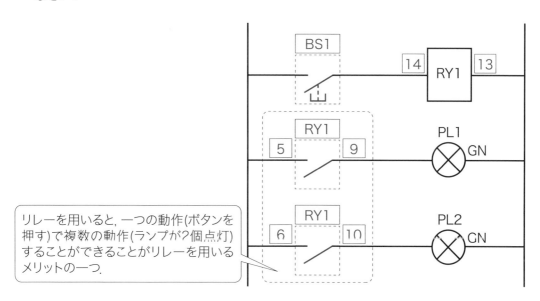

リレーを用いると,一つの動作(ボタンを押す)で複数の動作(ランプが2個点灯)することができることがリレーを用いるメリットの一つ.

(b) 実体配線図を描きなさい. ┌┈┈┐のなかで線を結び,回路図を完成させなさい.

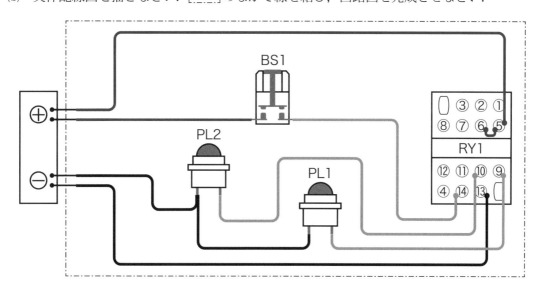

問題 13 ボタンスイッチ（BS1）を押すと，ランプ（PL1）が点灯およびベルが鳴り続け，ボタンスイッチ（BS2）を押すと解除される回路を作成しなさい．

(a) シーケンス図を描きなさい． ┄┄┄ のなかに図記号を， ▭ のなかに英数字を記入しなさい．さらに抜けている線があれば加えなさい．

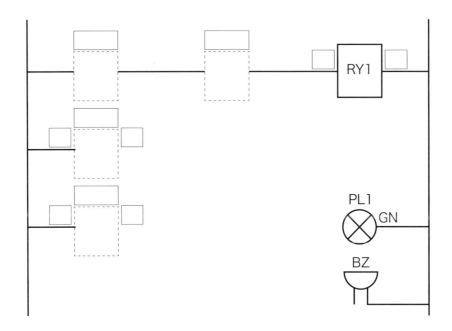

(b) 実体配線図を描きなさい． ┄┄┄ のなかで線を結び，回路図を完成させなさい．

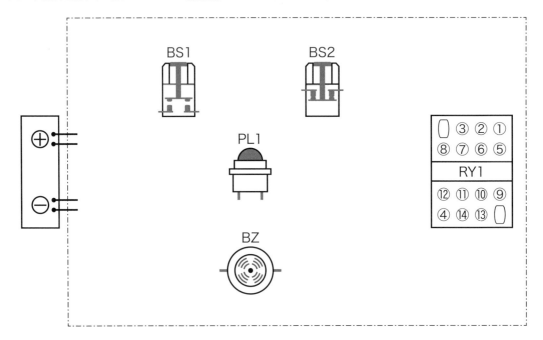

問題13 ボタンスイッチ(BS1)を押すと, ランプ(PL1)が点灯およびベルが鳴り続け, ボタンスイッチ(BS2)を押すと解除される回路を作成しなさい.

(a) シーケンス図を描きなさい. ┆┈┈┈┆のなかに図記号を, ☐☐のなかに英数字を記入しなさい. さらに抜けている線があれば加えなさい.

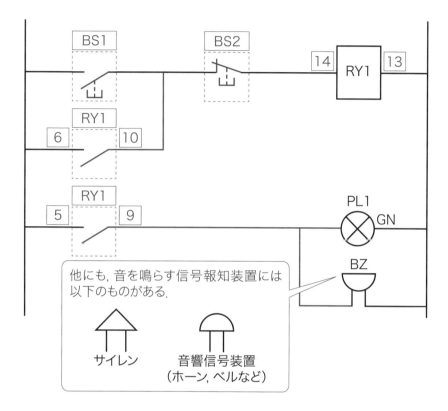

他にも, 音を鳴らす信号報知装置には以下のものがある.

サイレン

音響信号装置
(ホーン, ベルなど)

(b) 実体配線図を描きなさい. ┆┈┈┈┆のなかで線を結び, 回路図を完成させなさい.

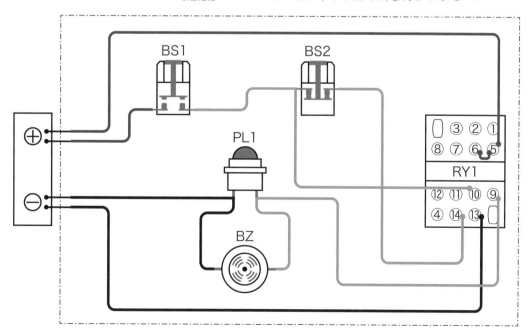

問題 14

ボタンスイッチ (BS1) を押すと，モータが回転し続け，ボタンスイッチ (BS2) を押すと停止する回路を作成しなさい．

(a) シーケンス図を描きなさい．┈┈のなかに図記号を，□のなかに英数字を記入しなさい．

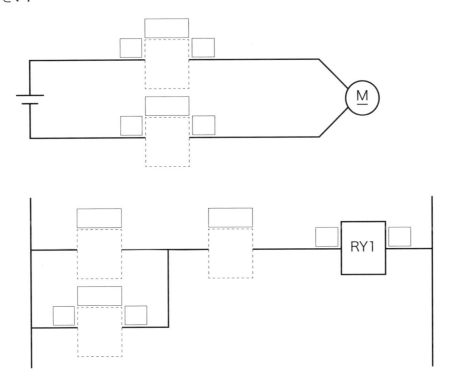

(b) 実体配線図を描きなさい．┈┈のなかで線を結び，回路図を完成させなさい．

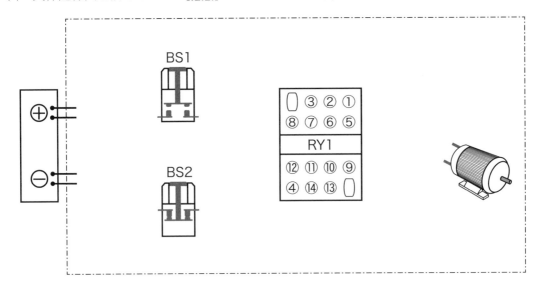

問題14 ボタンスイッチ (BS1) を押すと，モータが回転し続け，ボタンスイッチ (BS2) を押すと停止する回路を作成しなさい.

(a) シーケンス図を描きなさい. ┊┄┄┊のなかに図記号を，▢のなかに英数字を記入しなさい.

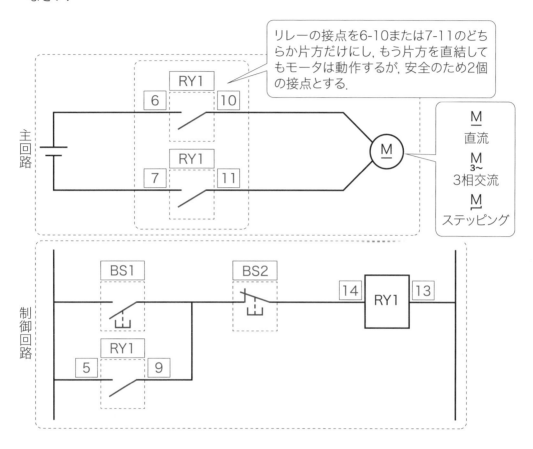

リレーの接点を6-10または7-11のどちらか片方だけにし, もう片方を直結してもモータは動作するが, 安全のため2個の接点とする.

主回路

$\underline{M}$
直流

$\underset{3\sim}{M}$
3相交流

$\underline{M}$
ステッピング

制御回路

(b) 実体配線図を描きなさい. ┊┄┄┊のなかで線を結び，回路図を完成させなさい.

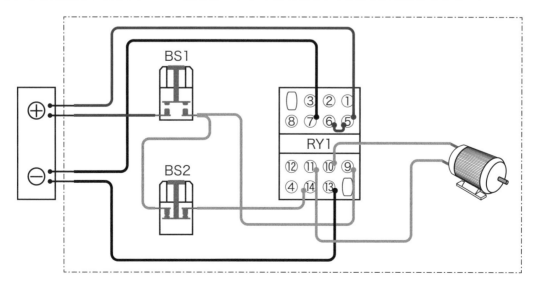

問題 **15** セレクタスイッチ(ON-OFF-ON)(COS1)を右にすると直流電動機が回転し,左にすると反転方向に回転する回路を作成しなさい.

(a) シーケンス図を描きなさい. ┈┈┈のなかに図記号を, □□のなかに英数字を記入しなさい.

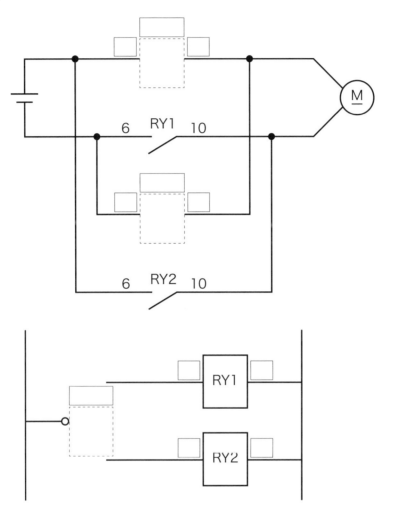

解答例

問題15 セレクタスイッチ (ON-OFF-ON) (COS1) を右にすると直流電動機が回転し、左にすると反転方向に回転する回路を作成しなさい.

(a) シーケンス図を描きなさい. [░░░]のなかに図記号を、[▢]のなかに英数字を記入しなさい.

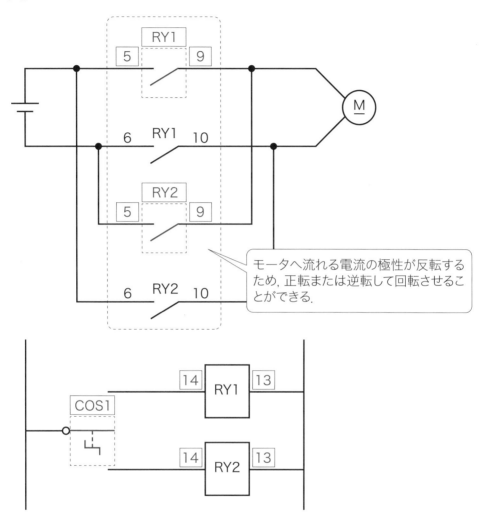

モータへ流れる電流の極性が反転するため、正転または逆転して回転させることができる.

問題 15 セレクタスイッチ（ON-OFF-ON）（COS1）を右にすると直流電動機が回転し，左にすると反転方向に回転する回路を作成しなさい．

(b) 実体配線図を描きなさい．└──┘のなかで線を結び，回路図を完成させなさい．

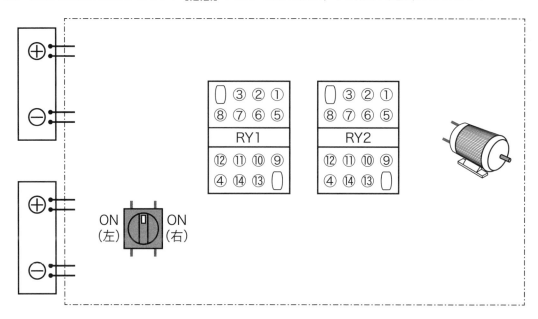

解答例

問題15 セレクタスイッチ (ON-OFF-ON) (COS1) を右にすると直流電動機が回転し, 左にすると反転方向に回転する回路を作成しなさい.

(b) 実体配線図を描きなさい. ┌┄┄┐のなかで線を結び, 回路図を完成させなさい.

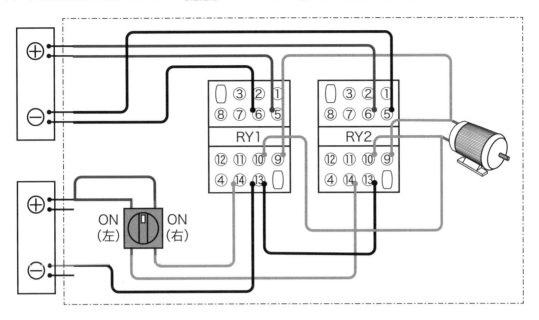

問題 16 ボタンスイッチ(BS1)を押すとランプ(PL1)が点灯し，ボタンスイッチ(BS2)を押すとランプ(PL2)が点灯する回路を作成しなさい．ただし，ランプ(PL1)が点灯しているときボタンスイッチ(BS2)を押してもランプ(PL2)は点灯しない．同様にランプ(PL2)が点灯しているときボタンスイッチ(BS1)を押してもランプ(PL1)は点灯しないものとする．

(a) シーケンス図を描きなさい．▭のなかに図記号を，▭のなかに英数字を記入しなさい．さらに抜けている線があれば加えなさい．

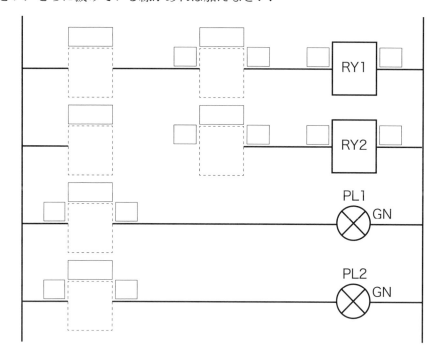

(b) 実体配線図を描きなさい．▭のなかで線を結び，回路図を完成させなさい．

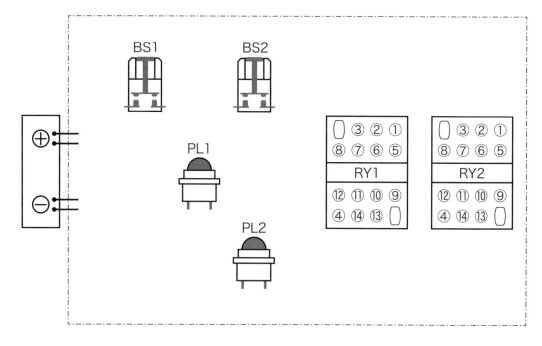

解答例

問題16 ボタンスイッチ（BS1）を押すとランプ（PL1）が点灯し，ボタンスイッチ（BS2）を押すとランプ（PL2）が点灯する回路を作成しなさい．ただし，ランプ（PL1）が点灯しているときボタンスイッチ（BS2）を押してもランプ（PL2）は点灯しない．同様にランプ（PL2）が点灯しているときボタンスイッチ（BS1）を押してもランプ（PL1）は点灯しないものとする．

(a) シーケンス図を描きなさい．⬚⬚⬚のなかに図記号を，▭のなかに英数字を記入しなさい．さらに抜けている線があれば加えなさい．

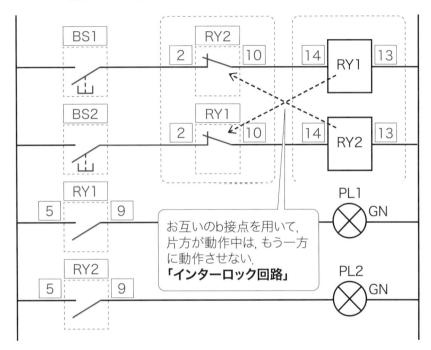

お互いのb接点を用いて，片方が動作中は，もう一方に動作させない．
「インターロック回路」

(b) 実体配線図を描きなさい．⬚⬚⬚のなかで線を結び，回路図を完成させなさい．

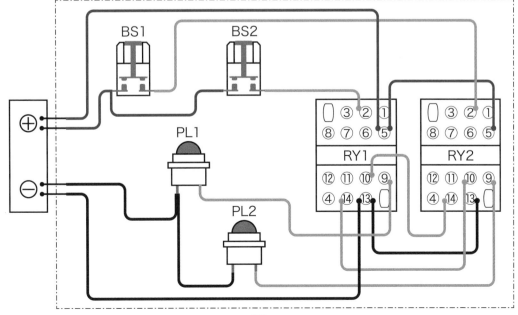

問題 17 2人での早押し競争を模擬した回路（早くボタンを押した人のランプのみ点灯し続けます）を作成しなさい．ただし，早押しのボタンを BS1 と BS2 とし，BS3 でランプを消灯させる．

(a) シーケンス図を描きなさい．┌┈┐のなかに図記号を，┌─┐のなかに英数字を記入しなさい．さらに抜けている線があれば加えなさい．

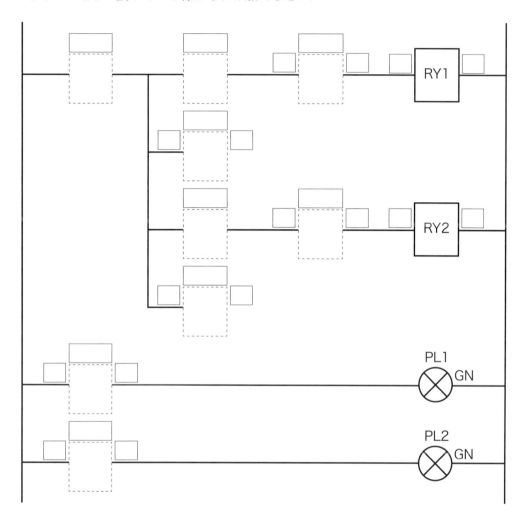

問題17 2人での早押し競争を模擬した回路（早くボタンを押した人のランプのみ点灯し続けます）を作成しなさい．ただし，早押しのボタンを BS1 と BS2 とし，BS3 でランプを消灯させる．

(a) シーケンス図を描きなさい．┌┄┄┄┐のなかに図記号を，┌──┐のなかに英数字を記入しなさい．さらに抜けている線があれば加えなさい．

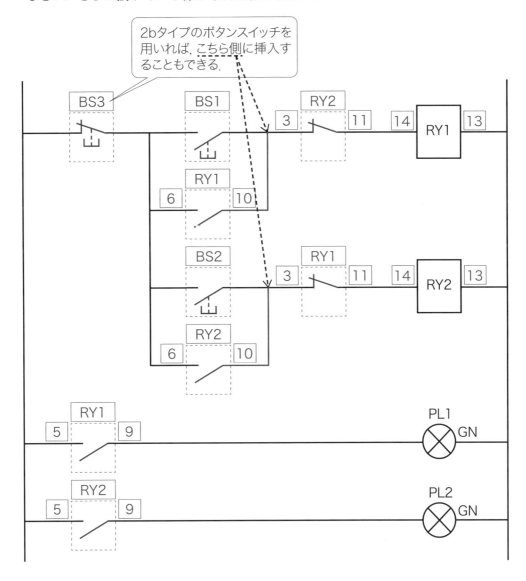

2bタイプのボタンスイッチを用いれば，こちら側に挿入することもできる．

問題 **17**

2人での早押し競争を模擬した回路（早くボタンを押した人のランプのみ点灯し続けます）を作成しなさい．ただし，早押しのボタンをBS1とBS2とし，BS3でランプを消灯させる．

(b) 実体配線図を描きなさい．⬚のなかで線を結び，回路図を完成させなさい．

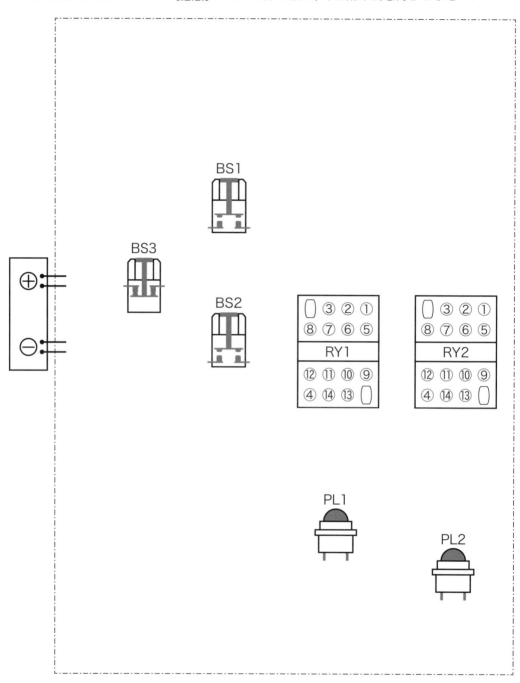

解答例

問題17 2人での早押し競争を模擬した回路（早くボタンを押した人のランプのみ点灯し続けます）を作成しなさい．ただし，早押しのボタンをBS1とBS2とし，BS3でランプを消灯させる．

(b) 実体配線図を描きなさい． ﹇﹈ のなかで線を結び，回路図を完成させなさい．

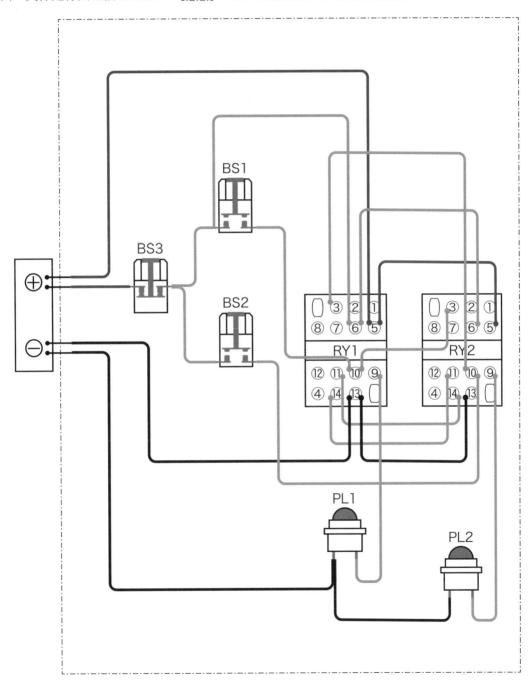

問題 18
セレクタスイッチ (ON-OFF)（COS1）を ON にし，ボタンスイッチ (BS1) を押すと，直流電動機が回転しランプ (PL1) が点灯し続け，ボタンスイッチ (BS2) を押すと反転しランプ (PL2) が点灯し続け，ボタンスイッチ (BS3) で動作が停止かつ消灯する回路を作成しなさい．インターロックを施すものとする．

(a) シーケンス図を描きなさい． [⋯⋯] のなかに図記号を， [___] のなかに英数字を記入しなさい．

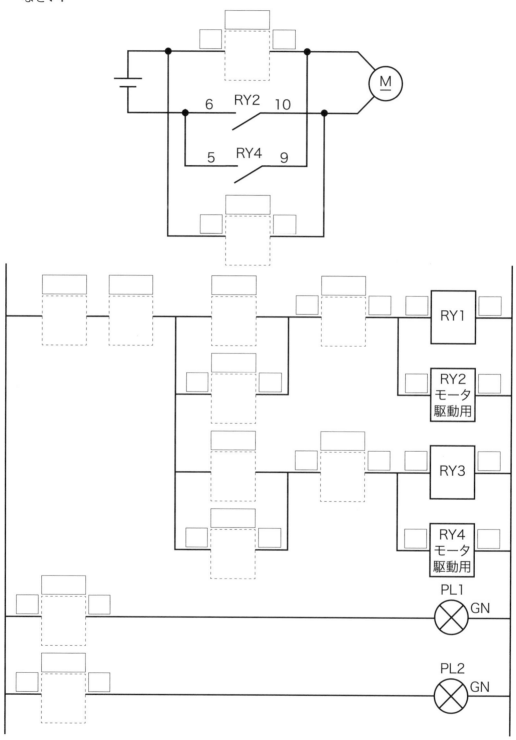

問題18 セレクタスイッチ (ON-OFF) (COS1) を ON にし，ボタンスイッチ (BS1) を押すと，直流電動機が回転しランプ (PL1) が点灯し続け，ボタンスイッチ (BS2) を押すと反転しランプ (PL2) が点灯し続け，ボタンスイッチ (BS3) で動作が停止かつ消灯する回路を作成しなさい．インターロックを施すものとする．

(a) シーケンス図を描きなさい．▢のなかに図記号を，▢のなかに英数字を記入しなさい．

RY2 5 9 M

RY2 6 10

RY4 5 9

RY4 6 10

COS1 BS3 BS1 RY3 3 11 14 RY1 13

RY1 6 10 14 RY2 モータ駆動用 13

BS2 RY1 3 11 14 RY3 13

RY3 6 10 14 RY4 モータ駆動用 13

RY1 5 9 PL1 GN

RY3 5 9 PL2 GN

問題 18

セレクタスイッチ (ON-OFF) (COS1) を ON にし，ボタンスイッチ (BS1) を押すと，直流電動機が回転しランプ (PL1) が点灯し続け，ボタンスイッチ (BS2) を押すと反転しランプ (PL2) が点灯し続け，ボタンスイッチ (BS3) で動作が停止かつ消灯する回路を作成しなさい．インターロックを施すものとする．

(b) 実体配線図を描きなさい． ▭ のなかで線を結び，回路図を完成させなさい．

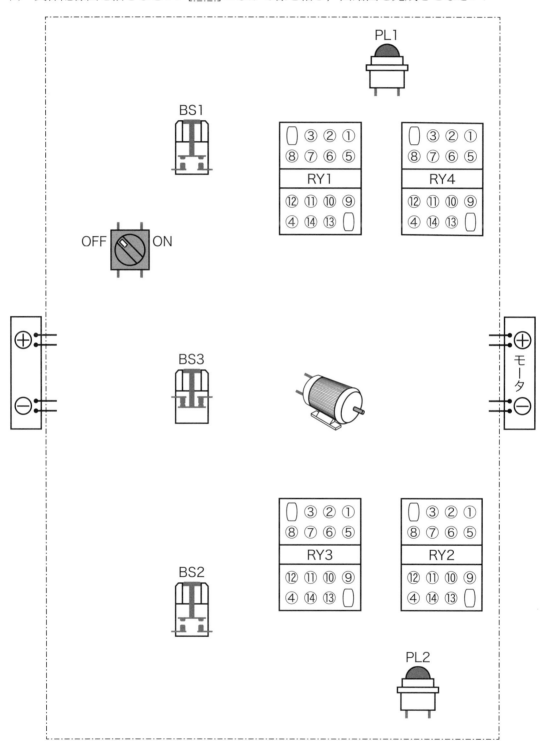

46

問題18 セレクタスイッチ(ON-OFF)(COS1)をONにし，ボタンスイッチ(BS1)を押す
と，直流電動機が回転しランプ(PL1)が点灯し続け，ボタンスイッチ(BS2)を押
すと反転しランプ(PL2)が点灯し続け，ボタンスイッチ(BS3)で動作が停止かつ
消灯する回路を作成しなさい．インターロックを施すものとする．

(b) 実体配線図を描きなさい．└─┘のなかで線を結び，回路図を完成させなさい．

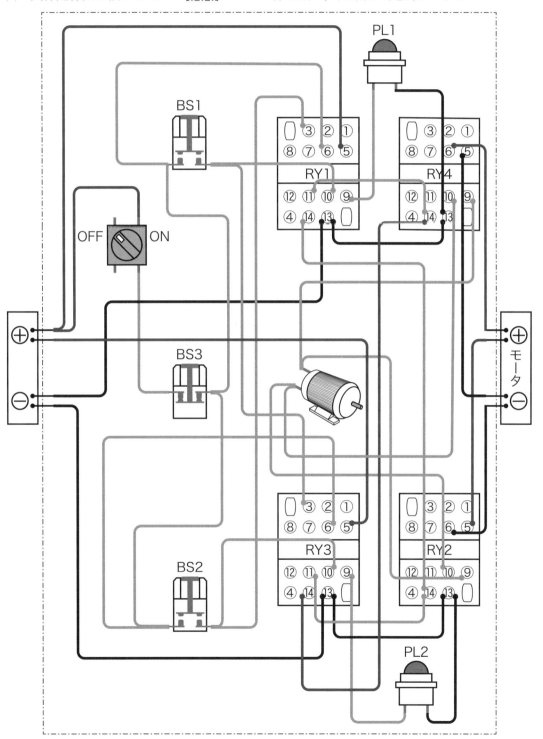

問題 19 トグルスイッチ (ON-OFF-ON) (TGS1) を左に倒すとランプ (PL1) が点灯かつブザーが鳴り，右に倒すとランプ (PL1) が点灯するのみの回路を作成しなさい．ボタンスイッチ (BS1) を押している間はランプが消灯ならびにブザーが停止し，インターロックを施すものとする．

(a) シーケンス図を描きなさい．┈┈┈┈ のなかに図記号を，☐ のなかに英数字を記入しなさい．さらに抜けている線があれば加えなさい．

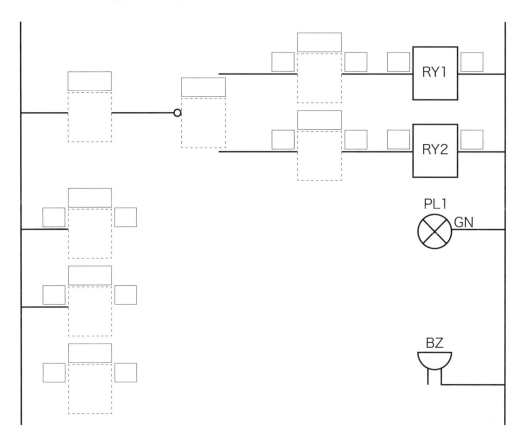

解答例

問題19 トグルスイッチ (ON-OFF-ON) (TGS1) を左に倒すとランプ (PL1) が点灯かつブザーが鳴り，右に倒すとランプ (PL1) が点灯するのみの回路を作成しなさい．ボタンスイッチ (BS1) を押している間はランプが消灯ならびにブザーが停止し，インターロックを施すものとする．

(a) シーケンス図を描きなさい． のなかに図記号を， のなかに英数字を記入しなさい．さらに抜けている線があれば加えなさい．

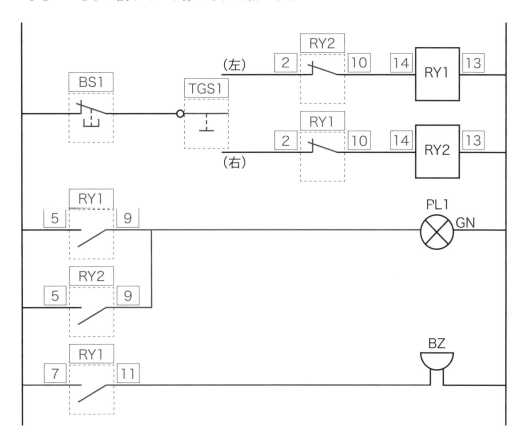

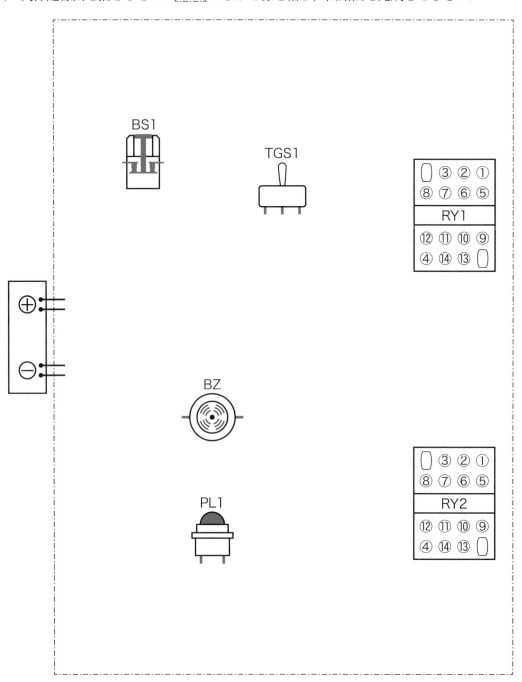

問題 19　トグルスイッチ (ON-OFF-ON) (TGS1) を左に倒すとランプ (PL1) が点灯かつブザーが鳴り，右に倒すとランプ (PL1) が点灯するのみの回路を作成しなさい．ボタンスイッチ (BS1) を押している間はランプが消灯ならびにブザーが停止し，インターロックを施すものとする．

(b) 実体配線図を描きなさい．[___] のなかで線を結び，回路図を完成させなさい．

問題19 トグルスイッチ (ON-OFF-ON) (TGS1) を左に倒すとランプ (PL1) が点灯かつブ
ザーが鳴り，右に倒すとランプ (PL1) が点灯するのみの回路を作成しなさい．ボ
タンスイッチ (BS1) を押している間はランプが消灯ならびにブザーが停止し，イ
ンターロックを施すものとする．

(b) 実体配線図を描きなさい． ┌ ┐ のなかで線を結び，回路図を完成させなさい．

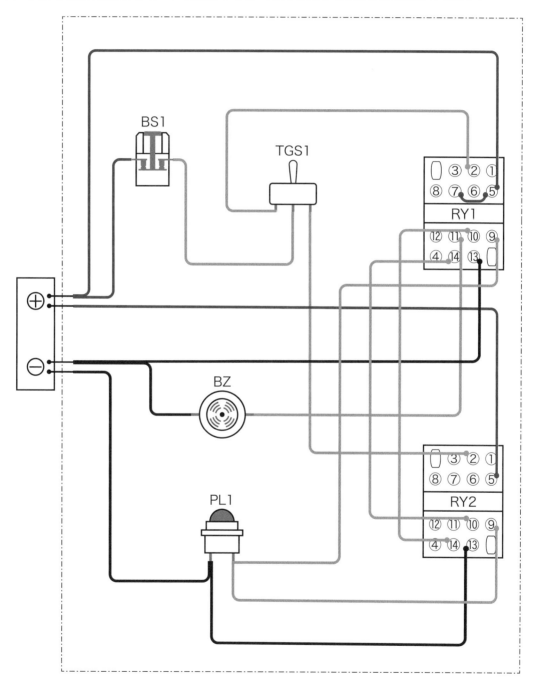

問題 **20** ボタンスイッチ(BS1)を5秒間押し続けると,ランプ(PL1)が点灯する回路を作成しなさい.

(a) シーケンス図を描きなさい. ┈┈のなかに図記号を,☐のなかに英数字を記入しなさい.

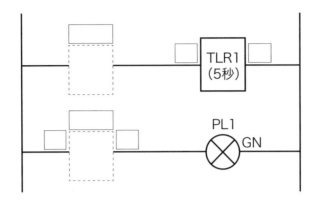

(b) タイムチャートを描きなさい.

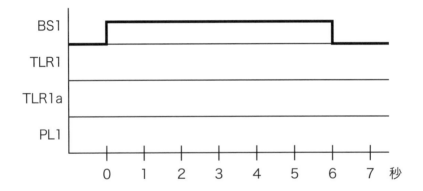

解答例

問題20 ボタンスイッチ（BS1）を5秒間押し続けると，ランプ（PL1）が点灯する回路を作成しなさい．

(a) シーケンス図を描きなさい． ┈┈ のなかに図記号を， ▭ のなかに英数字を記入しなさい．

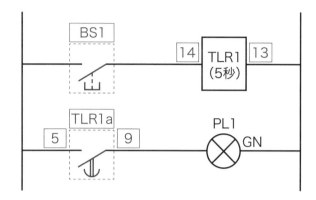

(b) タイムチャートを描きなさい．

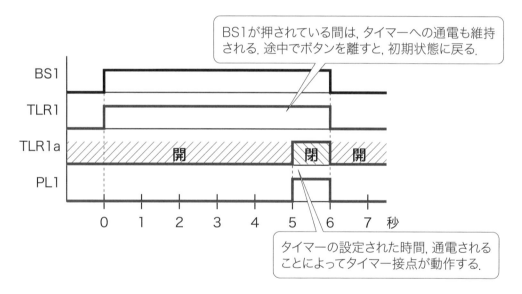

BS1が押されている間は，タイマーへの通電も維持される．途中でボタンを離すと，初期状態に戻る．

タイマーの設定された時間，通電されることによってタイマー接点が動作する．

ボタンスイッチ（BS1）を 5 秒間押し続けると，ランプ（PL1）が点灯する回路を作成しなさい．

(c) 実体配線図を描きなさい． のなかで線を結び，回路図を完成させなさい．

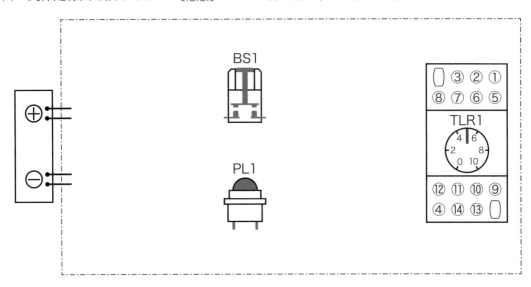

問題20 ボタンスイッチ(BS1)を5秒間押し続けると，ランプ(PL1)が点灯する回路を作成しなさい．

(c) 実体配線図を描きなさい． [＿＿＿]のなかで線を結び，回路図を完成させなさい．

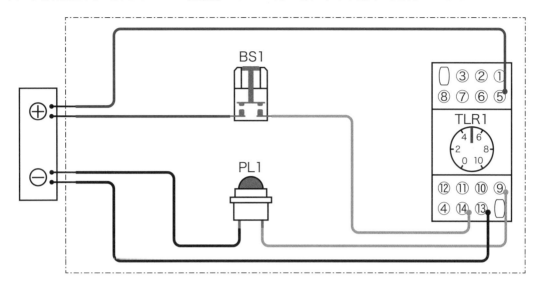

問題 21 ボタンスイッチ（BS1）を押してから，5秒後にランプ（PL1）が点灯する回路を作成しなさい．

(a) シーケンス図を描きなさい．┌┈┈┐のなかに図記号を，┌──┐のなかに英数字を記入しなさい．さらに抜けている線があれば加えなさい．

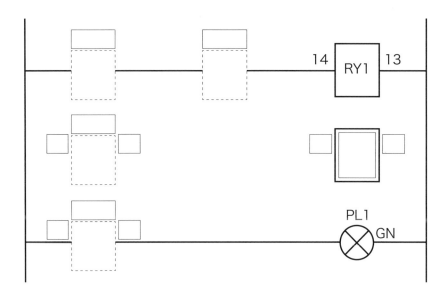

(b) タイムチャートを描きなさい．

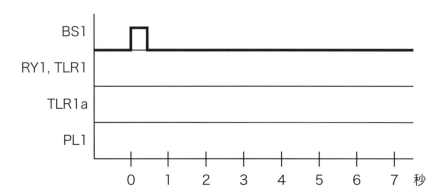

解答例

問題21 ボタンスイッチ（BS1）を押してから，5秒後にランプ（PL1）が点灯する回路を作成しなさい.

(a) シーケンス図を描きなさい. ┌┈┈┐のなかに図記号を，┌──┐のなかに英数字を記入しなさい. さらに抜けている線があれば加えなさい.

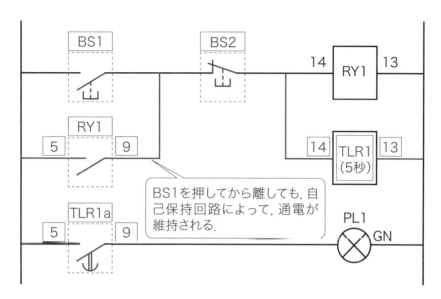

BS1を押してから離しても，自己保持回路によって，通電が維持される.

(b) タイムチャートを描きなさい.

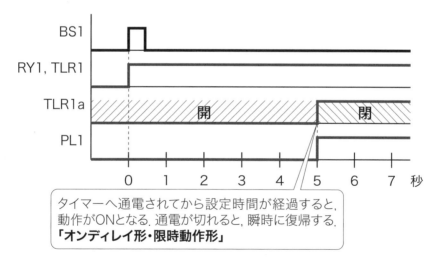

タイマーへ通電されてから設定時間が経過すると，動作がONとなる. 通電が切れると，瞬時に復帰する.
「オンディレイ形・限時動作形」

問題 21

ボタンスイッチ (BS1) を押してから，5秒後にランプ (PL1) が点灯する回路を作成しなさい．

(c) 実体配線図を描きなさい． ［ ］ のなかで線を結び，回路図を完成させなさい．

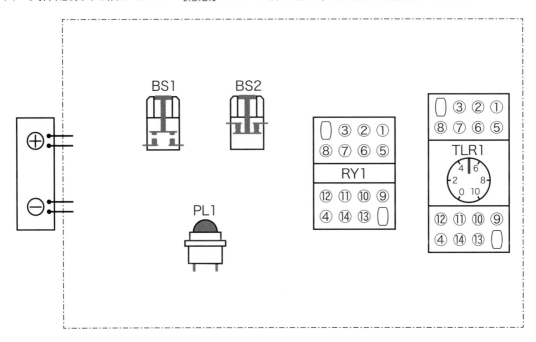

問題21 ボタンスイッチ (BS1) を押してから，5秒後にランプ (PL1) が点灯する回路を作成しなさい．

(c) 実体配線図を描きなさい． ¦__¦ のなかで線を結び，回路図を完成させなさい．

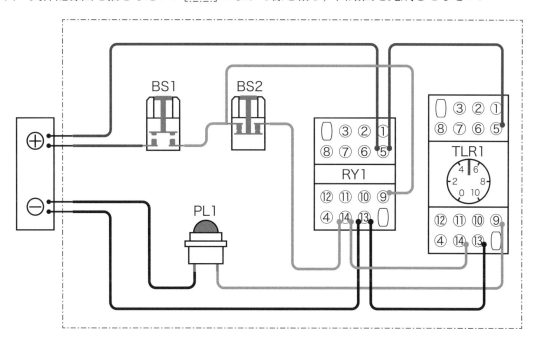

問題 22 点灯しているランプ (PL1) が, ボタンスイッチ (BS1) を押した後3秒後に消灯する回路を作成しなさい.

(a) シーケンス図を描きなさい. ┌┈┈┐ のなかに図記号を, ☐ のなかに英数字を記入しなさい. さらに抜けている線があれば加えなさい.

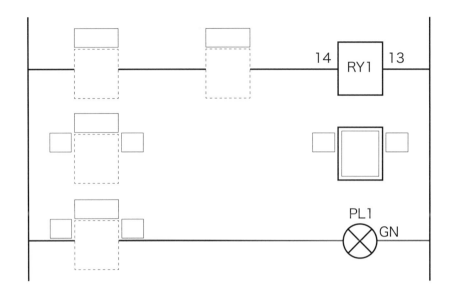

(b) タイムチャートを描きなさい.

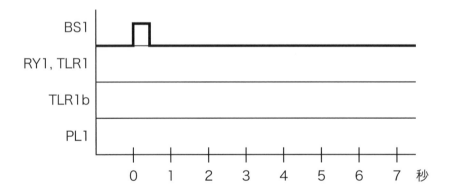

解答例

問題22 点灯しているランプ (PL1) が，ボタンスイッチ (BS1) を押した後3秒後に消灯する回路を作成しなさい．

(a) シーケンス図を描きなさい．┈┈のなかに図記号を，☐のなかに英数字を記入しなさい．さらに抜けている線があれば加えなさい．

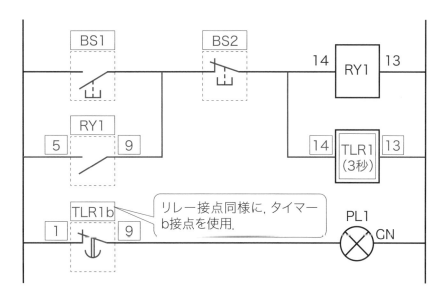

(b) タイムチャートを描きなさい．

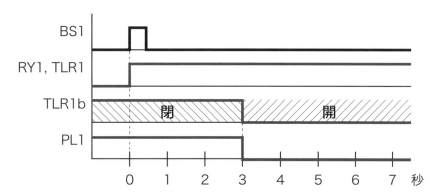

61

問題 22　点灯しているランプ(PL1)が，ボタンスイッチ(BS1)を押した後3秒後に消灯する回路を作成しなさい.

(c)　実体配線図を描きなさい.　[□□□]のなかで線を結び，回路図を完成させなさい.

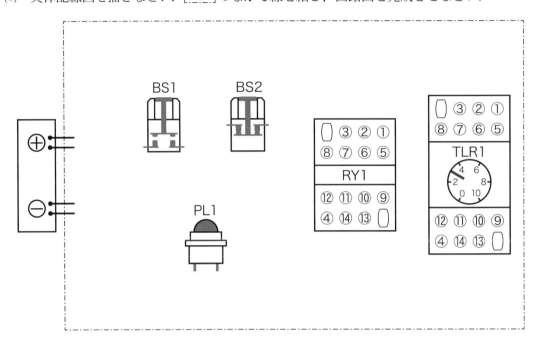

解答例

問題22 点灯しているランプ(PL1)が，ボタンスイッチ(BS1)を押した後3秒後に消灯する回路を作成しなさい．

(c) 実体配線図を描きなさい．├─┐のなかで線を結び，回路図を完成させなさい．

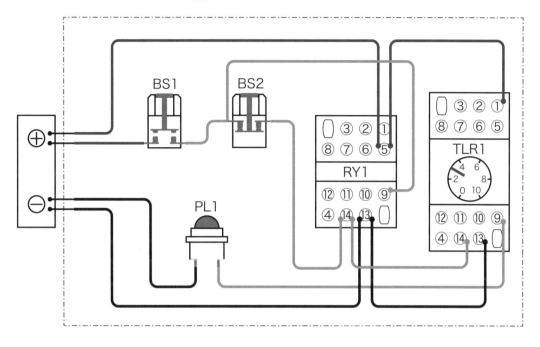

問題 23 オフディレイ形タイマーを使用し，ボタンスイッチ（BS1）を押すとランプ（PL1）が点灯し，ボタンスイッチ（BS2）を押した5秒後にランプが消灯する回路を作成しなさい．

(a) シーケンス図を描きなさい． ┈┈┈ のなかに図記号を，☐☐ のなかに英数字を記入しなさい．

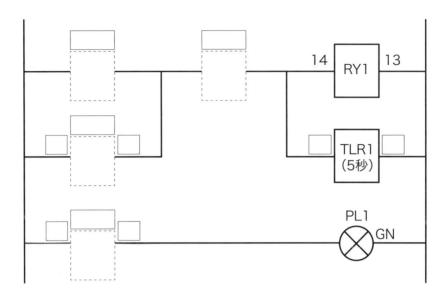

(b) タイムチャートを描きなさい．

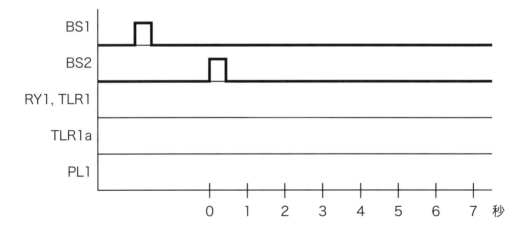

解答例

問題23 オフディレイ形タイマーを使用し，ボタンスイッチ (BS1) を押すとランプ (PL1) が点灯し，ボタンスイッチ (BS2) を押した5秒後にランプが消灯する回路を作成しなさい.

(a) シーケンス図を描きなさい. :::::のなかに図記号を，□のなかに英数字を記入しなさい.

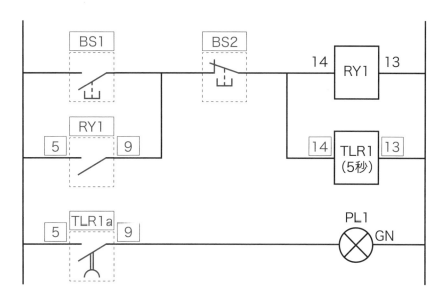

(b) タイムチャートを描きなさい.

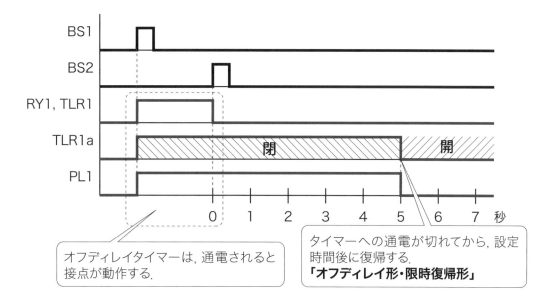

問題 23 オフディレイ形タイマーを使用し，ボタンスイッチ (BS1) を押すとランプ (PL1) が点灯し，ボタンスイッチ (BS2) を押した 5 秒後にランプが消灯する回路を作成しなさい.

(c) 実体配線図を描きなさい. ┌─┐ のなかで線を結び，回路図を完成させなさい.

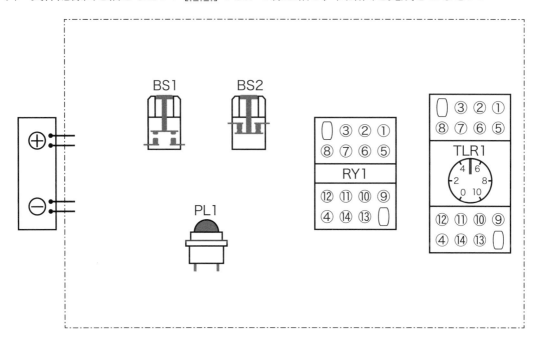

解答例

問題23 オフディレイ形タイマーを使用し，ボタンスイッチ (BS1) を押すとランプ (PL1) が点灯し，ボタンスイッチ (BS2) を押した 5 秒後にランプが消灯する回路を作成しなさい．

(c) 実体配線図を描きなさい．|___|のなかで線を結び，回路図を完成させなさい．

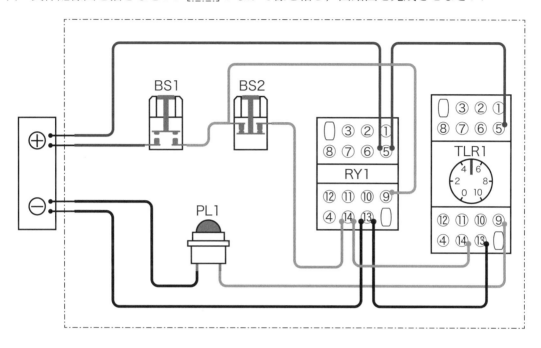

問題 24 オフディレイ形タイマーを使用し，点灯しているランプ（PL1）がボタンスイッチ（BS1）を押すと消灯し，ボタンスイッチ（BS2）を押した3秒後にランプが点灯する回路を作成しなさい．

(a) シーケンス図を描きなさい． ┈┈┈ のなかに図記号を，□ のなかに英数字を記入しなさい．

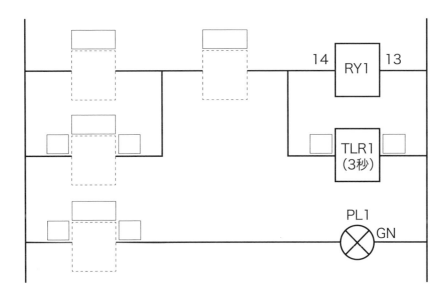

(b) タイムチャートを描きなさい．

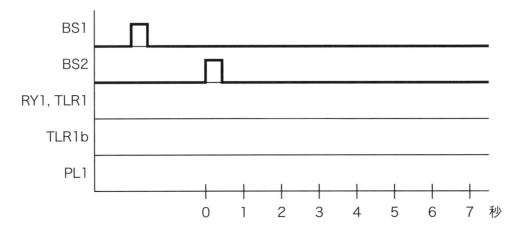

解答例

問題24 オフディレイ形タイマーを使用し，点灯しているランプ(PL1)がボタンスイッチ (BS1)を押すと消灯し，ボタンスイッチ(BS2)を押した3秒後にランプが点灯する回路を作成しなさい.

(a) シーケンス図を描きなさい. ┈┈┈┈┈のなかに図記号を, ▭のなかに英数字を記入しなさい.

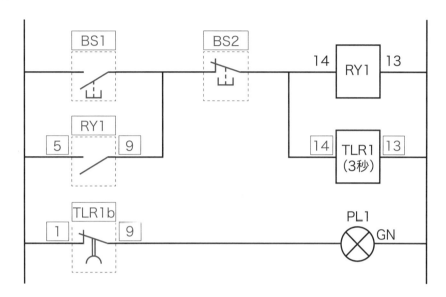

(b) タイムチャートを描きなさい.

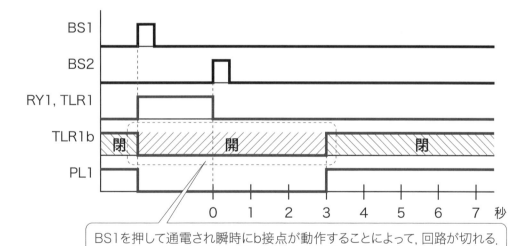

BS1を押して通電され瞬時にb接点が動作することによって, 回路が切れる.
BS2によって自己保持が解除され設定時間過ぎるとb接点が復帰する.

オフディレイ形タイマーを使用し，点灯しているランプ（PL1）がボタンスイッチ（BS1）を押すと消灯し，ボタンスイッチ（BS2）を押した3秒後にランプが点灯する回路を作成しなさい．

(c) 実体配線図を描きなさい．[＿＿]のなかで線を結び，回路図を完成させなさい．

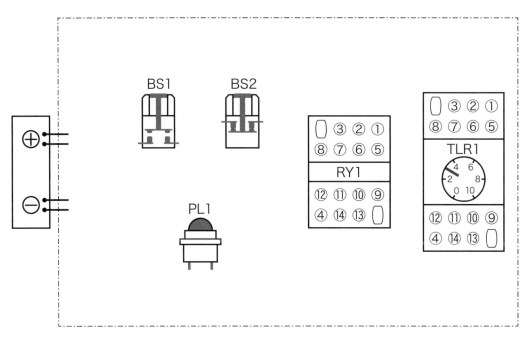

解答例

問題24 オフディレイ形タイマーを使用し，点灯しているランプ（PL1）がボタンスイッチ（BS1）を押すと消灯し，ボタンスイッチ（BS2）を押した3秒後にランプが点灯する回路を作成しなさい．

(c) 実体配線図を描きなさい．[＿＿＿]のなかで線を結び，回路図を完成させなさい．

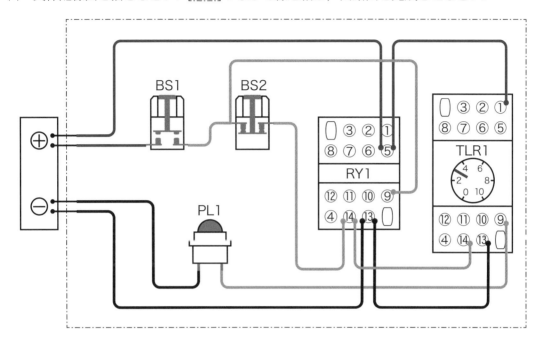

問題 25 ボタンスイッチ(BS1)を押すと2秒後にランプ(PL1)が点灯，その3秒後にランプ(PL2)が点灯する回路を作成しなさい．ただし，点灯したランプは消灯しない．

(a) シーケンス図を描きなさい．[....]のなかに図記号を，[__]のなかに英数字を記入しなさい．さらに抜けている線があれば加えなさい．

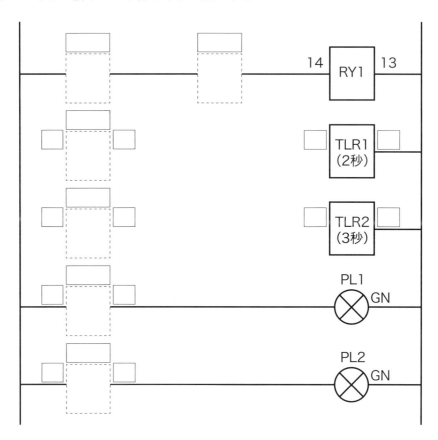

解答例

問題25 ボタンスイッチ (BS1) を押すと 2 秒後にランプ (PL1) が点灯，その 3 秒後にランプ (PL2) が点灯する回路を作成しなさい．ただし，点灯したランプは消灯しない．

(a) シーケンス図を描きなさい． ┊┄┄┈┊ のなかに図記号を， ▭ のなかに英数字を記入しなさい．さらに抜けている線があれば加えなさい．

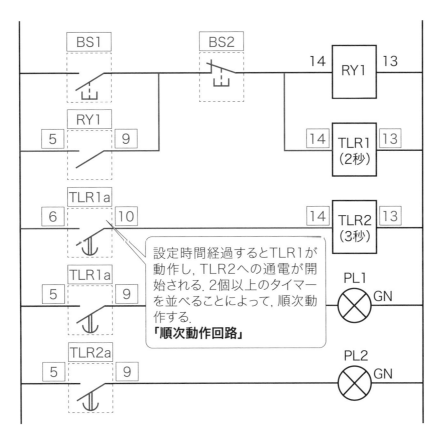

設定時間経過するとTLR1が動作し，TLR2への通電が開始される．2個以上のタイマーを並べることによって，順次動作する．
「順次動作回路」

問題 25 ボタンスイッチ (BS1) を押すと 2 秒後にランプ (PL1) が点灯，その 3 秒後にランプ (PL2) が点灯する回路を作成しなさい．ただし，点灯したランプは消灯しない．

(b) タイムチャートを描きなさい．

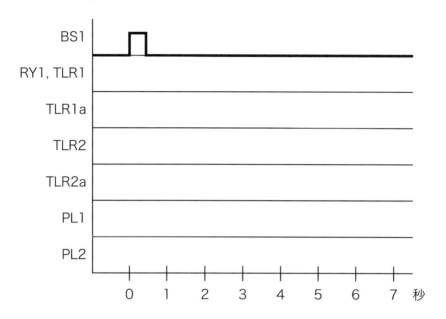

(c) 実体配線図を描きなさい．┌┄┄┐ のなかで線を結び，回路図を完成させなさい．

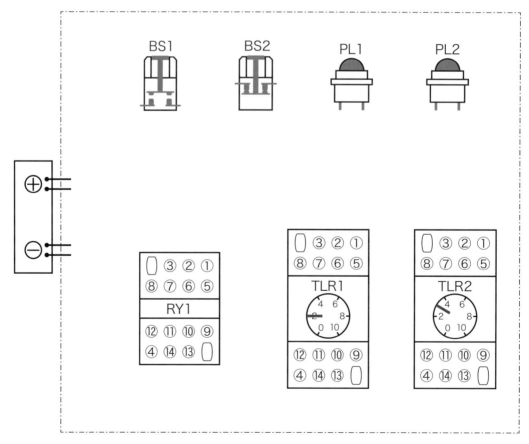

74

解答例

問題25 ボタンスイッチ (BS1) を押すと2秒後にランプ (PL1) が点灯，その3秒後にランプ (PL2) が点灯する回路を作成しなさい．ただし，点灯したランプは消灯しない．

(b) タイムチャートを描きなさい．

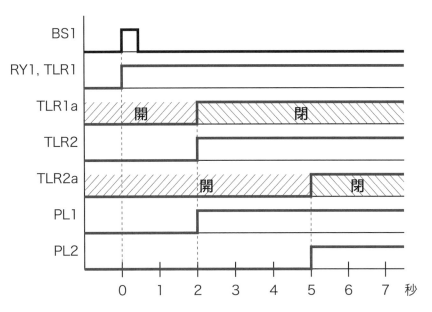

(c) 実体配線図を描きなさい．┌┄┄┄┐のなかで線を結び，回路図を完成させなさい．

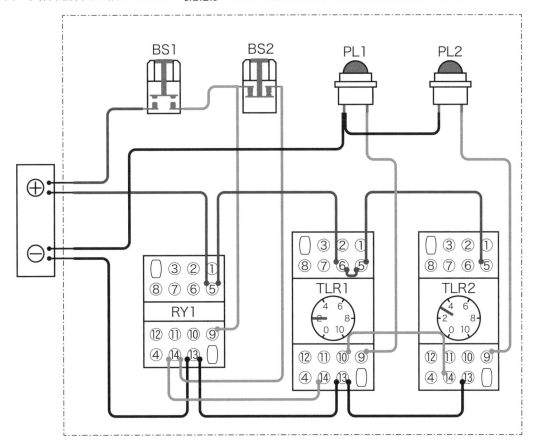

問題 26 ボタンスイッチ (BS1) を押すと 2 秒後にランプ (PL1) が点灯，その 3 秒後にランプ (PL2) が点灯する回路を作成しなさい．ただし，点灯したランプは消灯しない．前問と同じ動作だが，タイマーの時間設定とリレーの接続方法が異なる．

(a) シーケンス図を描きなさい． のなかに図記号を， のなかに英数字を記入しなさい．さらに抜けている線があれば加えなさい．

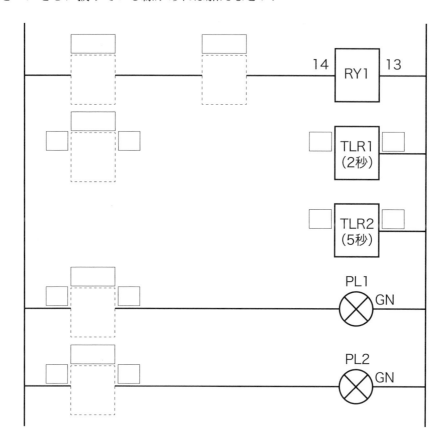

解答例

問題26 ボタンスイッチ (BS1) を押すと 2 秒後にランプ (PL1) が点灯，その 3 秒後にランプ (PL2) が点灯する回路を作成しなさい．ただし，点灯したランプは消灯しない．前問と同じ動作だが，タイマーの時間設定とリレーの接続方法が異なる．

(a) シーケンス図を描きなさい． ┈┈のなかに図記号を， ──のなかに英数字を記入しなさい．さらに抜けている線があれば加えなさい．

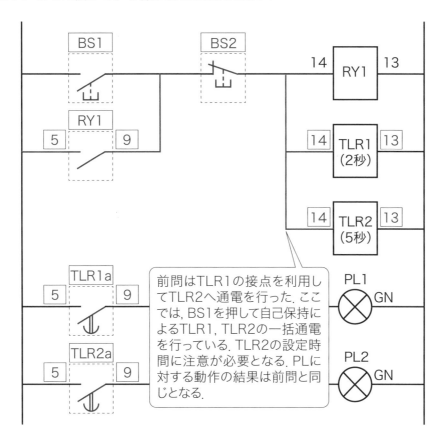

前問はTLR1の接点を利用してTLR2へ通電を行った．ここでは，BS1を押して自己保持によるTLR1，TLR2の一括通電を行っている．TLR2の設定時間に注意が必要となる．PLに対する動作の結果は前問と同じとなる．

問題 26 ボタンスイッチ (BS1) を押すと 2 秒後にランプ (PL1) が点灯，その 3 秒後にランプ (PL2) が点灯する回路を作成しなさい．ただし，点灯したランプは消灯しない．前問と同じ動作だが，タイマーの時間設定とリレーの接続方法が異なる．

(b) タイムチャートを描きなさい． ☐ には英数字を記入しなさい．

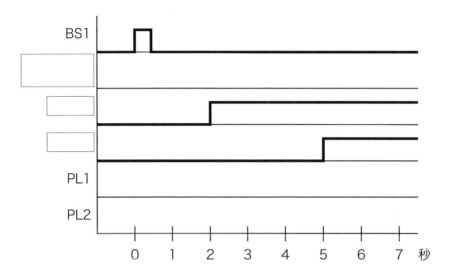

(c) 実体配線図を描きなさい． ☐ のなかで線を結び，回路図を完成させなさい．

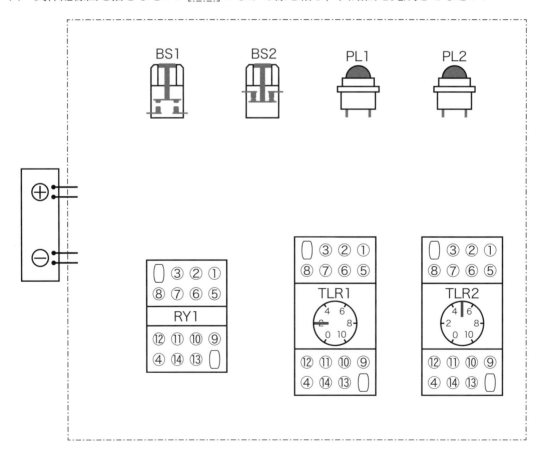

78

解答例

問題26 ボタンスイッチ (BS1) を押すと 2 秒後にランプ (PL1) が点灯，その 3 秒後にランプ (PL2) が点灯する回路を作成しなさい．ただし，点灯したランプは消灯しない．前問と同じ動作だが，タイマーの時間設定とリレーの接続方法が異なる．

(b) タイムチャートを描きなさい．▢ には英数字を記入しなさい．

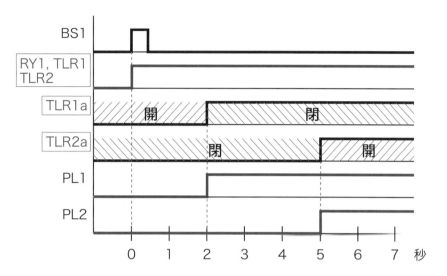

(c) 実体配線図を描きなさい．▢ のなかで線を結び，回路図を完成させなさい．

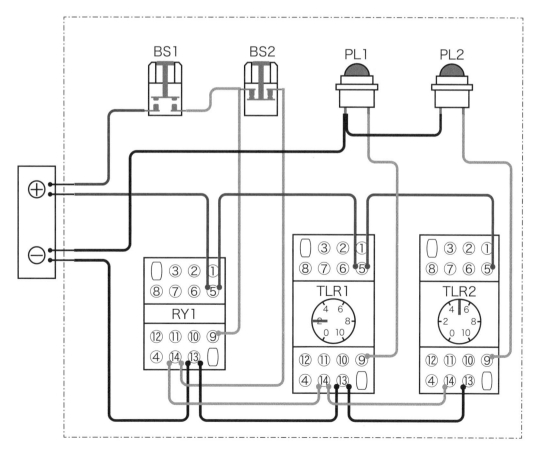

問題 27 ボタンスイッチ (BS1) を押すと 2 秒後にランプ (PL1) が点灯，その 3 秒後にランプ (PL1) が消灯しランプ (PL2) が点灯する回路を作成しなさい．

(a) シーケンス図を描きなさい． ┈┈ のなかに図記号を，□□ のなかに英数字を記入しなさい． さらに抜けている線があれば加えなさい．

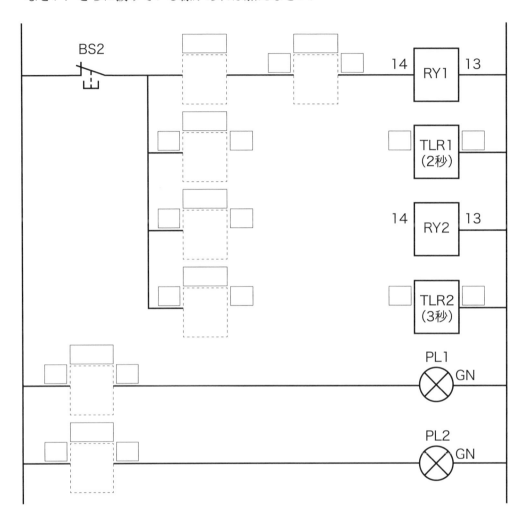

解答例

問題27 ボタンスイッチ(BS1)を押すと2秒後にランプ(PL1)が点灯，その3秒後にランプ(PL1)が消灯しランプ(PL2)が点灯する回路を作成しなさい．

(a) シーケンス図を描きなさい． ⬚ のなかに図記号を， ⬚ のなかに英数字を記入しなさい． さらに抜けている線があれば加えなさい．

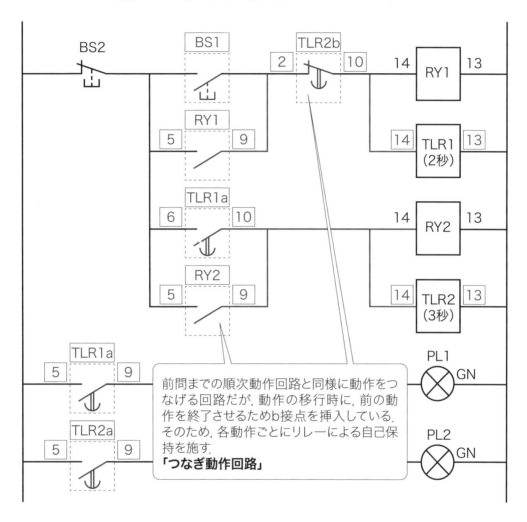

前問までの順次動作回路と同様に動作をつなげる回路だが，動作の移行時に，前の動作を終了させるためb接点を挿入している．そのため，各動作ごとにリレーによる自己保持を施す．
「つなぎ動作回路」

問題
27
ボタンスイッチ（BS1）を押すと 2 秒後にランプ（PL1）が点灯，その 3 秒後にランプ（PL1）が消灯しランプ（PL2）が点灯する回路を作成しなさい．

(b) タイムチャートを描きなさい．

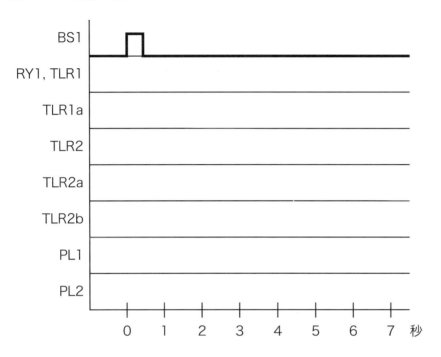

(c) 実体配線図を描きなさい．［＿＿］のなかで線を結び，回路図を完成させなさい．

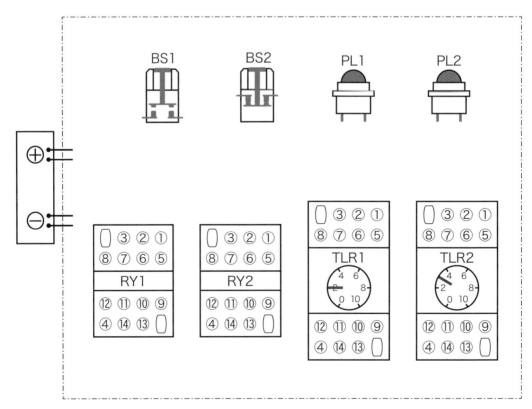

82

問題27 ボタンスイッチ (BS1) を押すと 2 秒後にランプ (PL1) が点灯, その 3 秒後にランプ (PL1) が消灯しランプ (PL2) が点灯する回路を作成しなさい.

(b) タイムチャートを描きなさい.

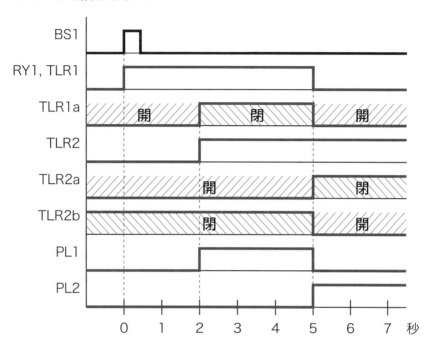

(c) 実体配線図を描きなさい. □□□ のなかで線を結び, 回路図を完成させなさい.

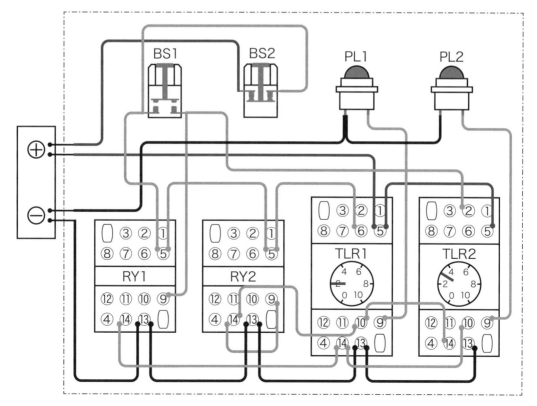

問題 **28** ボタンスイッチ(BS1)を押すと，2秒点灯，1秒消灯を繰り返す回路を作成しなさい．

(a) シーケンス図を描きなさい．┆┄┄┄┆のなかに図記号を，☐のなかに英数字を記入しなさい．さらに抜けている線があれば加えなさい．

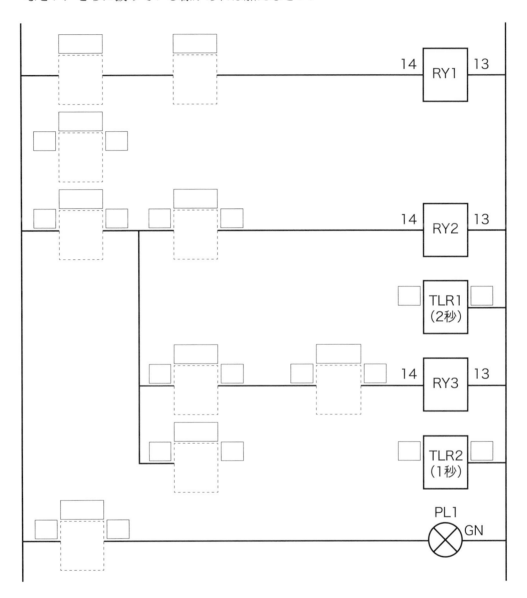

84

解答例

問題28 ボタンスイッチ (BS1) を押すと，2秒点灯，1秒消灯を繰り返す回路を作成しなさい．

(a) シーケンス図を描きなさい． ┈┈┈ のなかに図記号を， ▭ のなかに英数字を記入しなさい．さらに抜けている線があれば加えなさい．

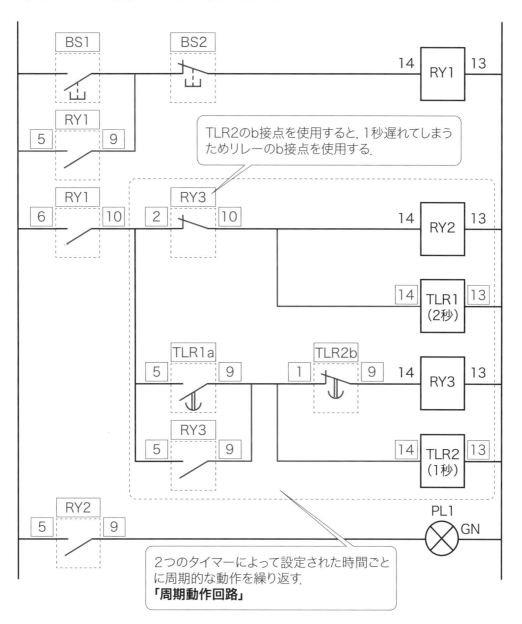

TLR2のb接点を使用すると，1秒遅れてしまうためリレーのb接点を使用する．

2つのタイマーによって設定された時間ごとに周期的な動作を繰り返す．
「周期動作回路」

85

問題 28 ボタンスイッチ(BS1)を押すと，2秒点灯，1秒消灯を繰り返す回路を作成しなさい.

(b) タイムチャートを描きなさい.

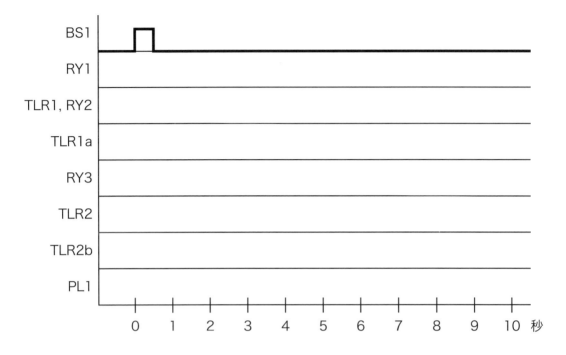

解答例

問題28 ボタンスイッチ (BS1) を押すと，2秒点灯，1秒消灯を繰り返す回路を作成しなさい．

(b) タイムチャートを描きなさい．

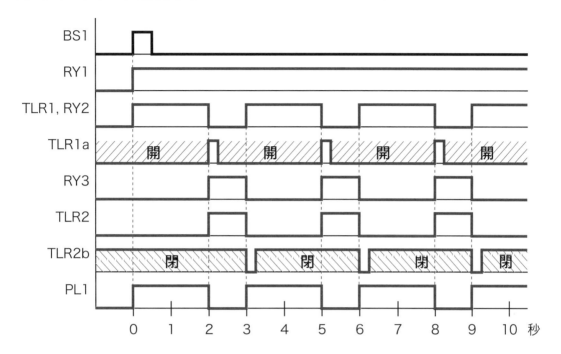

ボタンスイッチ(BS1)を押すと，2秒点灯，1秒消灯を繰り返す回路を作成しなさい．

(c) 実体配線図を描きなさい． のなかで線を結び，回路図を完成させなさい．

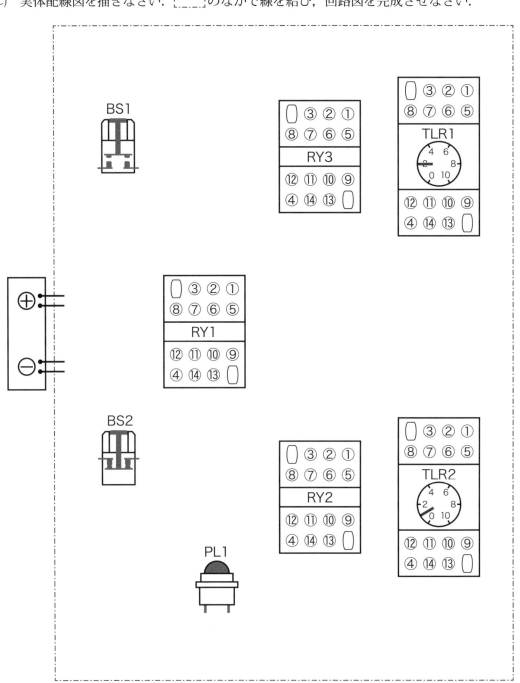

解答例

問題28 ボタンスイッチ (BS1) を押すと，2秒点灯，1秒消灯を繰り返す回路を作成しなさい．

(c) 実体配線図を描きなさい． [ ] のなかで線を結び，回路図を完成させなさい．

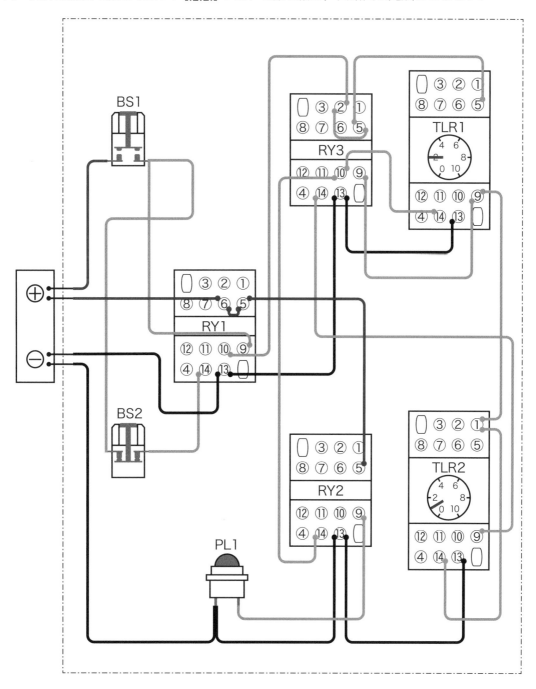

問題 29 ボタンスイッチ (BS1) を5回押すとランプ (PL1) が点灯する回路を作成しなさい. ボタンスイッチ (BS2) でカウンタをリセットする.

(a) シーケンス図を描きなさい. ┊┄┄┊のなかに図記号を，□□□のなかに英数字を記入しなさい.

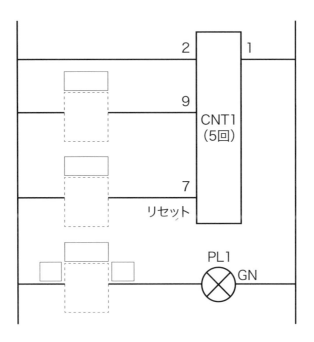

(b) タイムチャートを描きなさい.

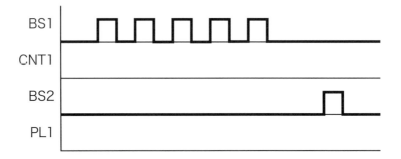

解答例

問題29 ボタンスイッチ(BS1)を5回押すとランプ(PL1)が点灯する回路を作成しなさい. ボタンスイッチ(BS2)でカウンタをリセットする.

(a) シーケンス図を描きなさい. ⌷⌷⌷のなかに図記号を, ▭のなかに英数字を記入しなさい.

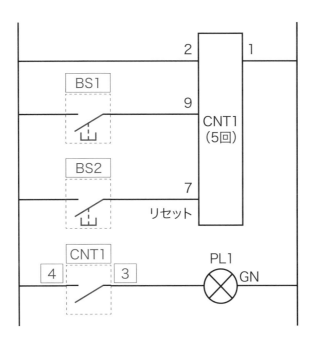

(b) タイムチャートを描きなさい.

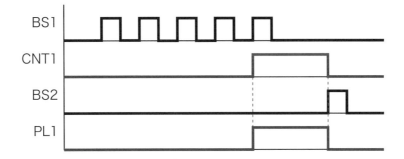

問題 29 ボタンスイッチ(BS1)を5回押すとランプ(PL1)が点灯する回路を作成しなさい. ボタンスイッチ(BS2)でカウンタをリセットする.

(c) 実体配線図を描きなさい. ［   ］のなかで線を結び,回路図を完成させなさい.

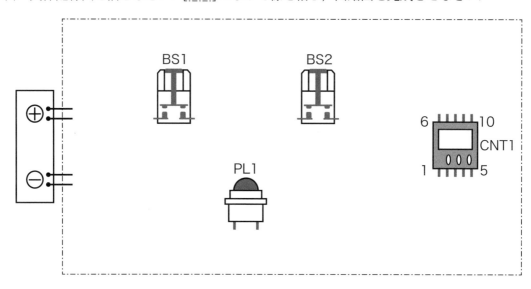

解答例

問題29 ボタンスイッチ(BS1)を5回押すとランプ(PL1)が点灯する回路を作成しなさい．ボタンスイッチ(BS2)でカウンタをリセットする．

(c) 実体配線図を描きなさい．▭▭のなかで線を結び，回路図を完成させなさい．

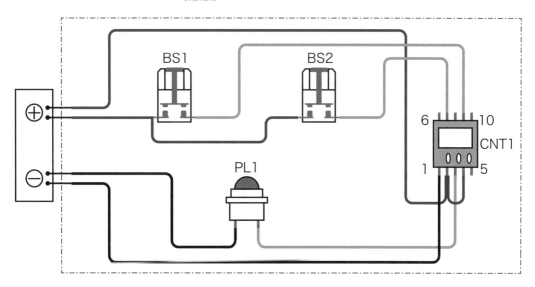

問題
30
ボタンスイッチ (BS1) を押すと 2 秒後にランプ (PL1) が点灯, その 2 秒後にランプ (PL2) が点灯, その 3 秒後にランプ (PL3) が点灯する回路を作成しなさい. ただし, 点灯したランプは自動で消灯せず, ボタンスイッチ (BS2) を押すとすべてのランプが消灯する.

(a) シーケンス図を描きなさい. ⬚のなかに図記号を, ▭のなかに英数字を記入しなさい. さらに抜けている線があれば加えなさい.

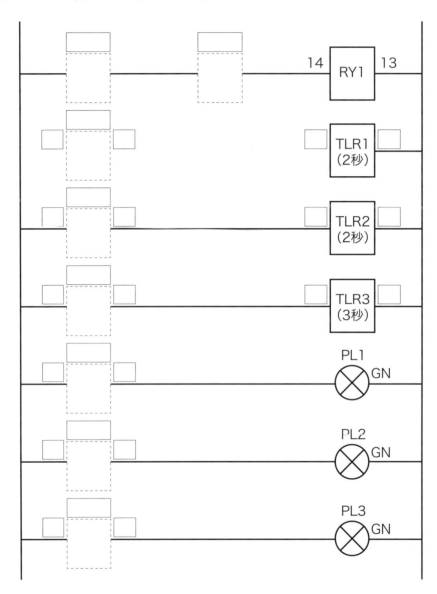

解答例

問題30 ボタンスイッチ (BS1) を押すと 2 秒後にランプ (PL1) が点灯，その 2 秒後にランプ (PL2) が点灯，その 3 秒後にランプ (PL3) が点灯する回路を作成しなさい．ただし，点灯したランプは自動で消灯せず，ボタンスイッチ (BS2) を押すとすべてのランプが消灯する．

(a) シーケンス図を描きなさい． ▭ のなかに図記号を，▭ のなかに英数字を記入しなさい．さらに抜けている線があれば加えなさい．

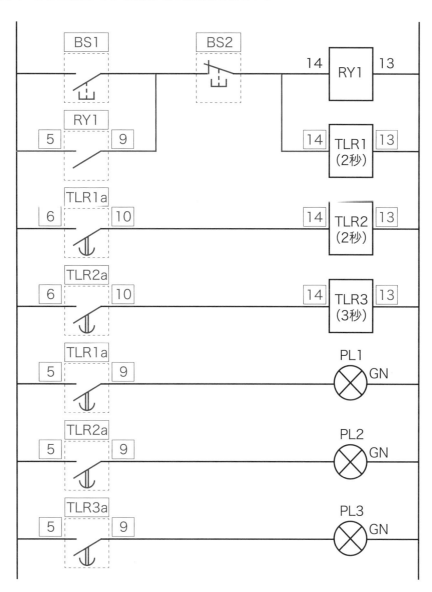

問題 30 ボタンスイッチ（BS1）を押すと2秒後にランプ（PL1）が点灯，その2秒後にランプ（PL2）が点灯，その3秒後にランプ（PL3）が点灯する回路を作成しなさい．ただし，点灯したランプは自動で消灯せず，ボタンスイッチ（BS2）を押すとすべてのランプが消灯する．

(b) タイムチャートを描きなさい.

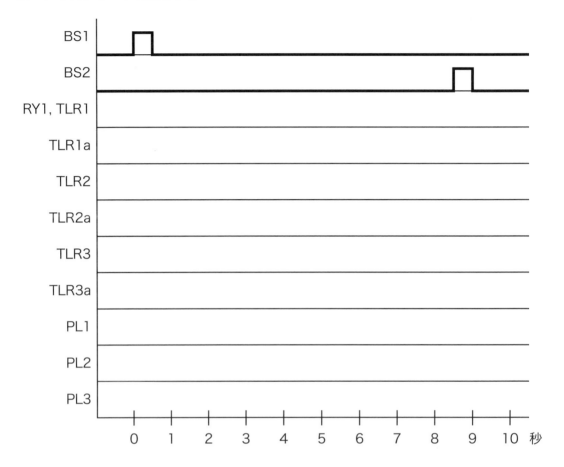

解答例

問題30 ボタンスイッチ（BS1）を押すと2秒後にランプ（PL1）が点灯，その2秒後にランプ（PL2）が点灯，その3秒後にランプ（PL3）が点灯する回路を作成しなさい．ただし，点灯したランプは自動で消灯せず，ボタンスイッチ（BS2）を押すとすべてのランプが消灯する．

(b) タイムチャートを描きなさい．

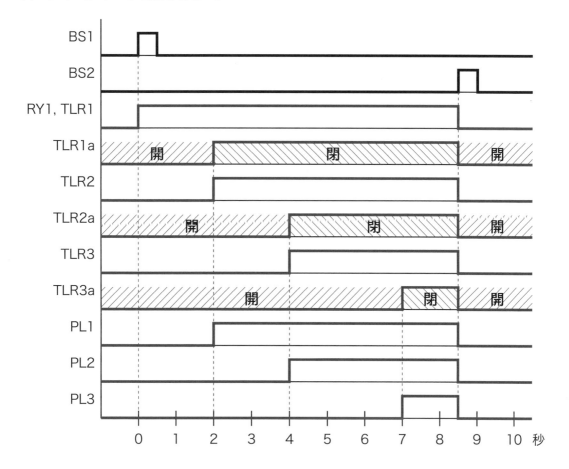

問題 30 ボタンスイッチ（BS1）を押すと2秒後にランプ（PL1）が点灯，その2秒後にランプ（PL2）が点灯，その3秒後にランプ（PL3）が点灯する回路を作成しなさい．ただし，点灯したランプは自動で消灯せず，ボタンスイッチ（BS2）を押すとすべてのランプが消灯する．

(c) 実体配線図を描きなさい． のなかで線を結び，回路図を完成させなさい．

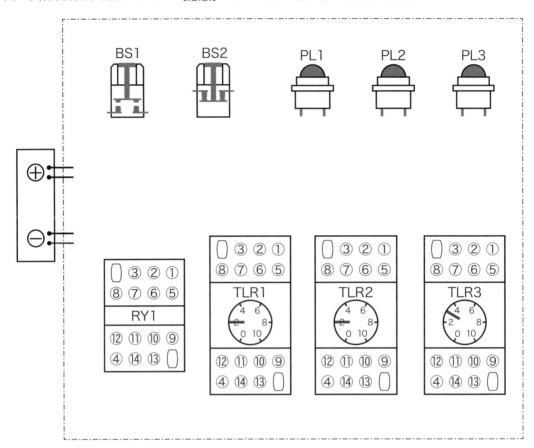

問題30 ボタンスイッチ (BS1) を押すと 2 秒後にランプ (PL1) が点灯，その 2 秒後にランプ (PL2) が点灯，その 3 秒後にランプ (PL3) が点灯する回路を作成しなさい．ただし，点灯したランプは自動で消灯せず，ボタンスイッチ (BS2) を押すとすべてのランプが消灯する．

(c) 実体配線図を描きなさい．└┈┈┘のなかで線を結び，回路図を完成させなさい．

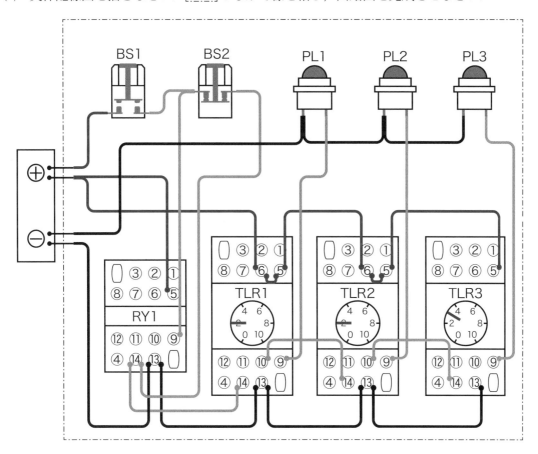

ボタンスイッチ (BS1) を押すと 1 秒後にランプ (PL1) が点灯, その 2 秒後にラン
プ (PL1) が消灯しランプ (PL2) が点灯, その 3 秒後にランプ (PL2) が消灯しラン
プ (PL3) が点灯する回路を作成しなさい.

(a) シーケンス図を描きなさい. 　　　　のなかに図記号を, 　　　のなかに英数字を記入し
なさい. さらに抜けている線があれば加えなさい.

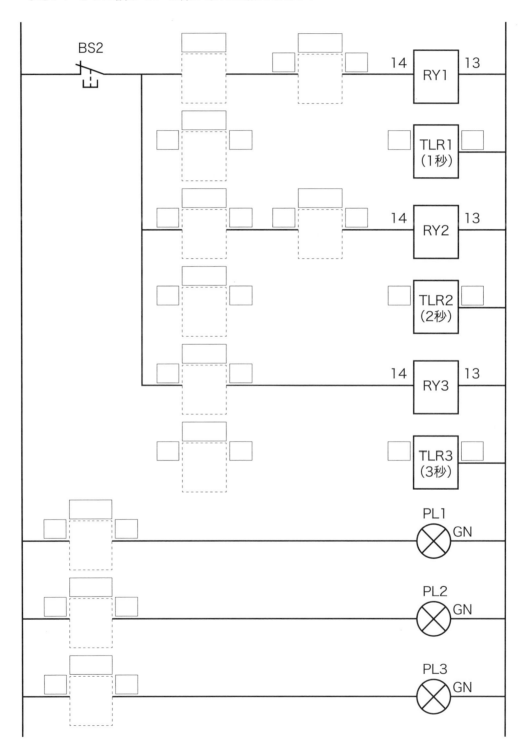

解答例

問題31 ボタンスイッチ (BS1) を押すと 1 秒後にランプ (PL1) が点灯, その 2 秒後にランプ (PL1) が消灯しランプ (PL2) が点灯, その 3 秒後にランプ (PL2) が消灯しランプ (PL3) が点灯する回路を作成しなさい.

(a) シーケンス図を描きなさい. ⬚⬚⬚ のなかに図記号を, ▭ のなかに英数字を記入しなさい. さらに抜けている線があれば加えなさい.

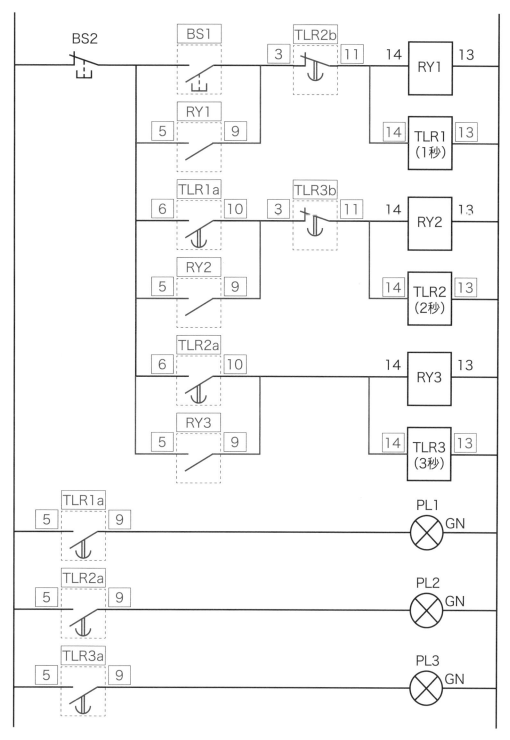

101

問題 31 ボタンスイッチ (BS1) を押すと 1 秒後にランプ (PL1) が点灯，その 2 秒後にランプ (PL1) が消灯しランプ (PL2) が点灯，その 3 秒後にランプ (PL2) が消灯しランプ (PL3) が点灯する回路を作成しなさい.

(b) タイムチャートを描きなさい.

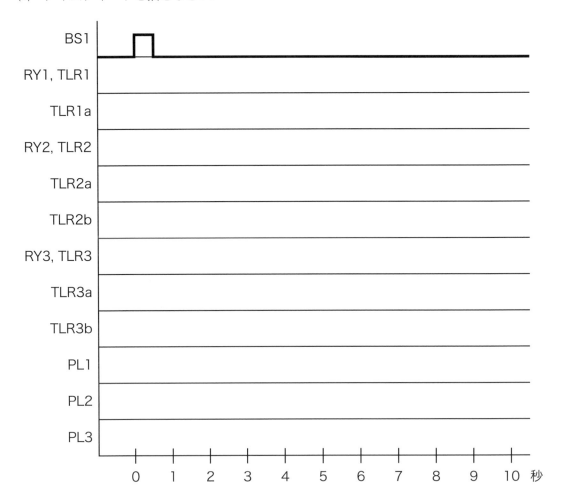

問題31 ボタンスイッチ (BS1) を押すと 1 秒後にランプ (PL1) が点灯，その 2 秒後にランプ (PL1) が消灯しランプ (PL2) が点灯，その 3 秒後にランプ (PL2) が消灯しランプ (PL3) が点灯する回路を作成しなさい．

(b) タイムチャートを描きなさい．

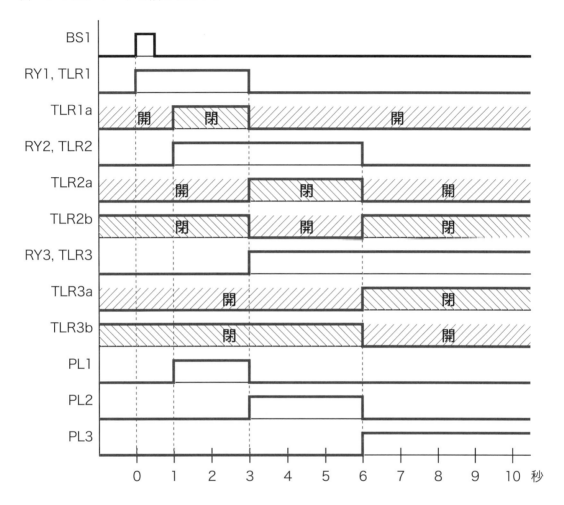

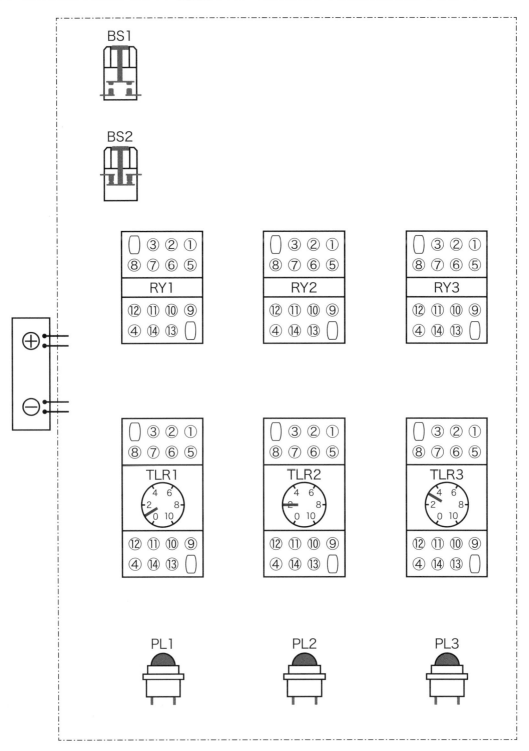

問題 31
ボタンスイッチ（BS1）を押すと1秒後にランプ（PL1）が点灯，その2秒後にランプ（PL1）が消灯しランプ（PL2）が点灯，その3秒後にランプ（PL2）が消灯しランプ（PL3）が点灯する回路を作成しなさい．

(c) 実体配線図を描きなさい．　のなかで線を結び，回路図を完成させなさい．

解答例

問題31 ボタンスイッチ (BS1) を押すと 1 秒後にランプ (PL1) が点灯，その 2 秒後にランプ (PL1) が消灯しランプ (PL2) が点灯，その 3 秒後にランプ (PL2) が消灯しランプ (PL3) が点灯する回路を作成しなさい．

(c) 実体配線図を描きなさい． ┌╌╌┐のなかで線を結び，回路図を完成させなさい．

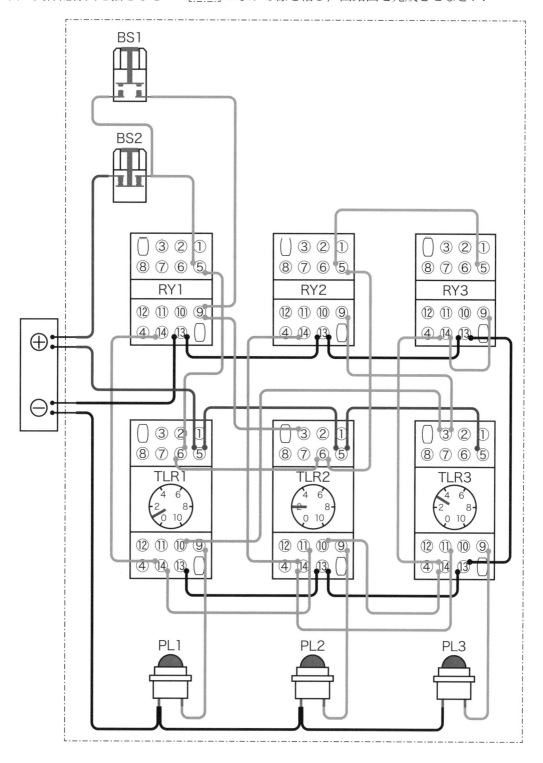

105

問題 32
ボタンスイッチ(BS1)を押すと，2秒間ランプ(PL1)が点灯かつランプ(PL2)は消灯と1秒間ランプ(PL1)が消灯かつランプ(PL2)は点灯を繰り返す回路を作成しなさい．

(a) シーケンス図を描きなさい．┈┈のなかに図記号を，──のなかに英数字を記入しなさい．

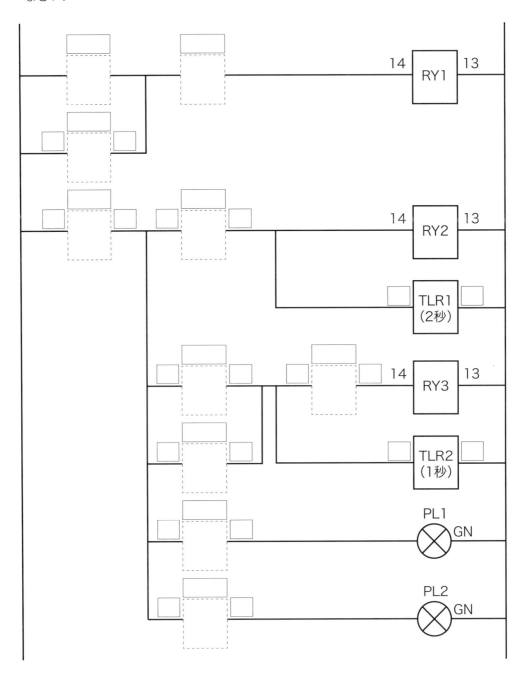

106

解答例

問題32 ボタンスイッチ (BS1) を押すと，2秒間ランプ (PL1) が点灯かつランプ (PL2) は消灯と1秒間ランプ (PL1) が消灯かつランプ (PL2) は点灯を繰り返す回路を作成しなさい．

(a) シーケンス図を描きなさい． ┈┈┈ のなかに図記号を，□□□ のなかに英数字を記入しなさい．

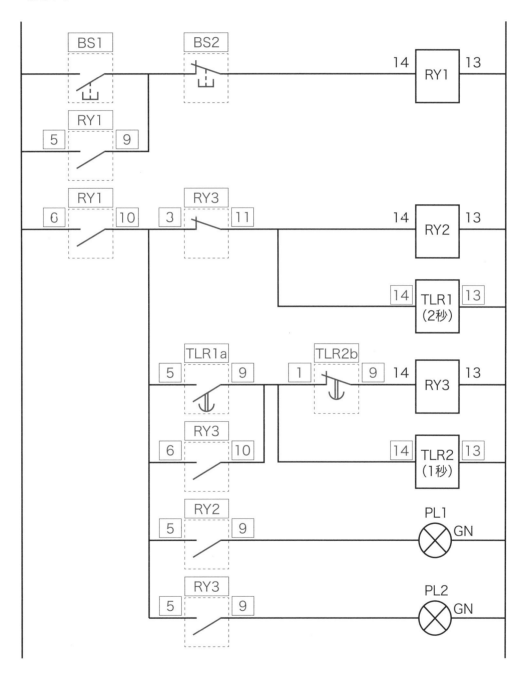

ボタンスイッチ(BS1)を押すと，2秒間ランプ(PL1)が点灯かつランプ(PL2)は消灯と1秒間ランプ(PL1)が消灯かつランプ(PL2)は点灯を繰り返す回路を作成しなさい．

(b) タイムチャートを描きなさい．

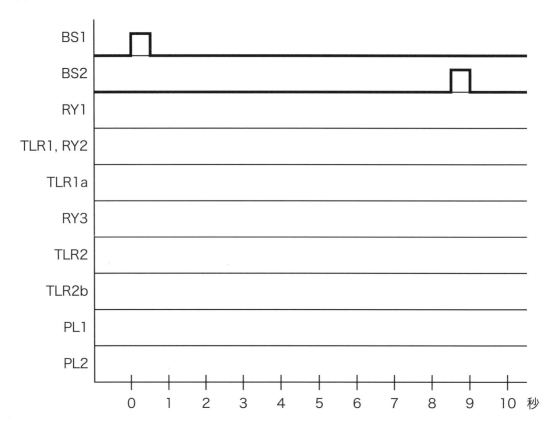

解答例

問題32 ボタンスイッチ (BS1) を押すと，2 秒間ランプ (PL1) が点灯かつランプ (PL2) は
消灯と 1 秒間ランプ (PL1) が消灯かつランプ (PL2) は点灯を繰り返す回路を作成
しなさい.

(b) タイムチャートを描きなさい.

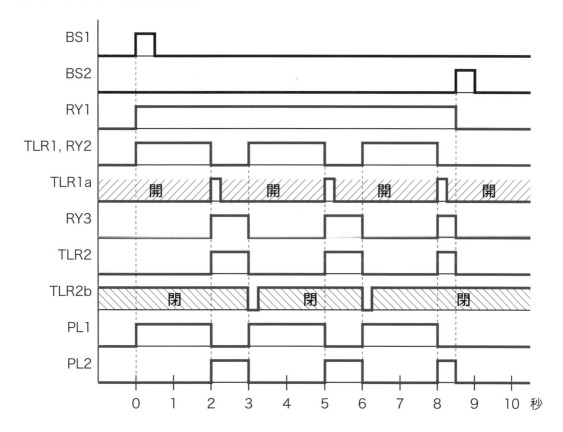

問題 32

ボタンスイッチ (BS1) を押すと，2 秒間ランプ (PL1) が点灯かつランプ (PL2) は消灯と 1 秒間ランプ (PL1) が消灯かつランプ (PL2) は点灯を繰り返す回路を作成しなさい.

(c) 実体配線図を描きなさい. ┌┈┈┈┐のなかで線を結び，回路図を完成させなさい.

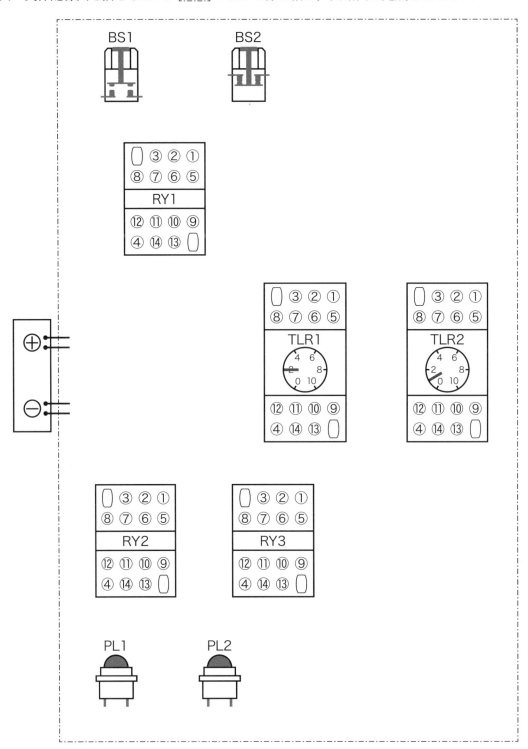

110

解答例

問題32 ボタンスイッチ (BS1) を押すと，2 秒間ランプ (PL1) が点灯かつランプ (PL2) は
消灯と 1 秒間ランプ (PL1) が消灯かつランプ (PL2) は点灯を繰り返す回路を作成
しなさい．

(c) 実体配線図を描きなさい． ▭▭▭ のなかで線を結び，回路図を完成させなさい．

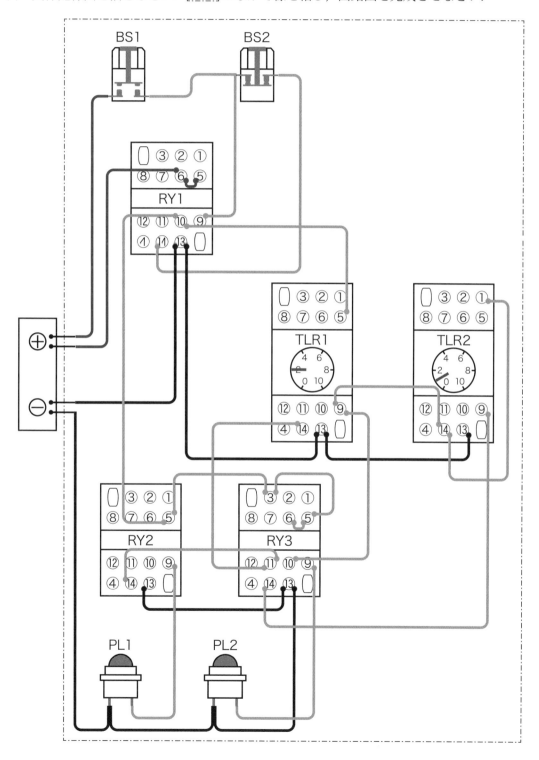

ボタンスイッチ(BS1)を押すと，2秒後にランプ(PL1)が点灯しその3秒後から
ランプ(PL2)が点灯と消灯を1秒ごとに繰り返す回路を作成しなさい．

(a) シーケンス図を描きなさい．⬚のなかに図記号を，□のなかに英数字を記入し
なさい．さらに抜けている線があれば加えなさい．

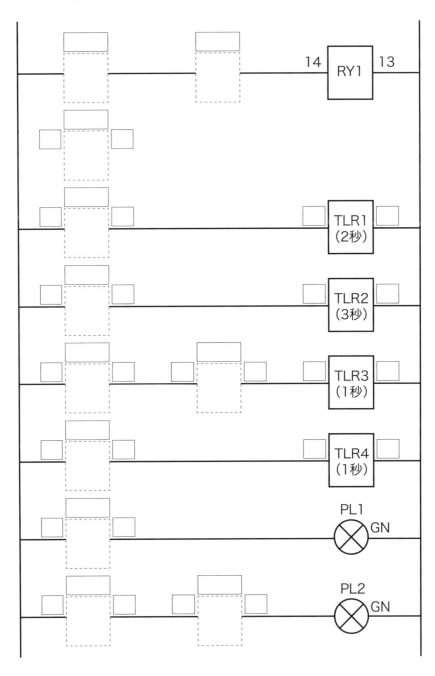

解答例

問題33 ボタンスイッチ (BS1) を押すと, 2 秒後にランプ (PL1) が点灯しその 3 秒後から
ランプ (PL2) が点灯と消灯を 1 秒ごとに繰り返す回路を作成しなさい.

(a) シーケンス図を描きなさい. ┈┈ のなかに図記号を, ☐ のなかに英数字を記入し
なさい. さらに抜けている線があれば加えなさい.

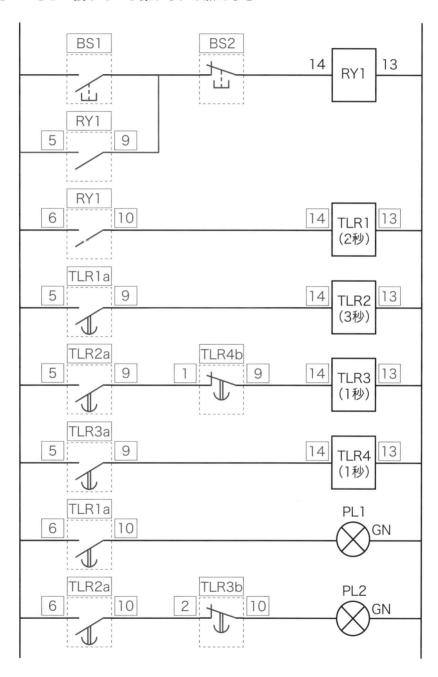

問題 33 ボタンスイッチ(BS1)を押すと，2秒後にランプ(PL1)が点灯しその3秒後からランプ(PL2)が点灯と消灯を1秒ごとに繰り返す回路を作成しなさい．

(b) タイムチャートを描きなさい.

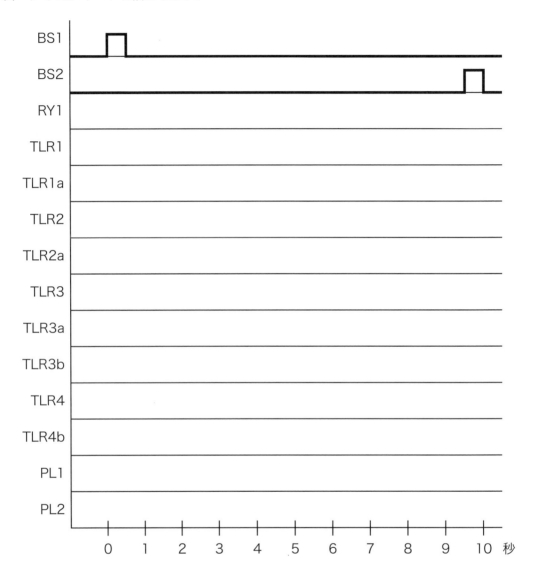

解答例

問題33 ボタンスイッチ(BS1)を押すと，2秒後にランプ(PL1)が点灯しその3秒後から
ランプ(PL2)が点灯と消灯を1秒ごとに繰り返す回路を作成しなさい．

(b) タイムチャートを描きなさい．

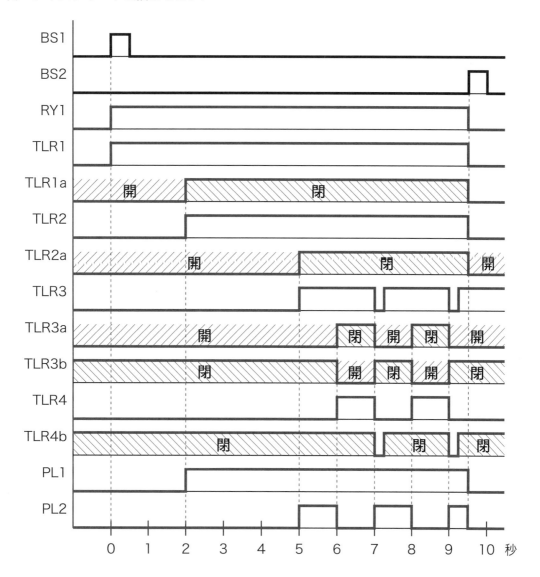

問題 33 ボタンスイッチ (BS1) を押すと，2秒後にランプ (PL1) が点灯しその3秒後から ランプ (PL2) が点灯と消灯を1秒ごとに繰り返す回路を作成しなさい.

(c) 実体配線図を描きなさい. ⸤ ⸥ のなかで線を結び，回路図を完成させなさい.

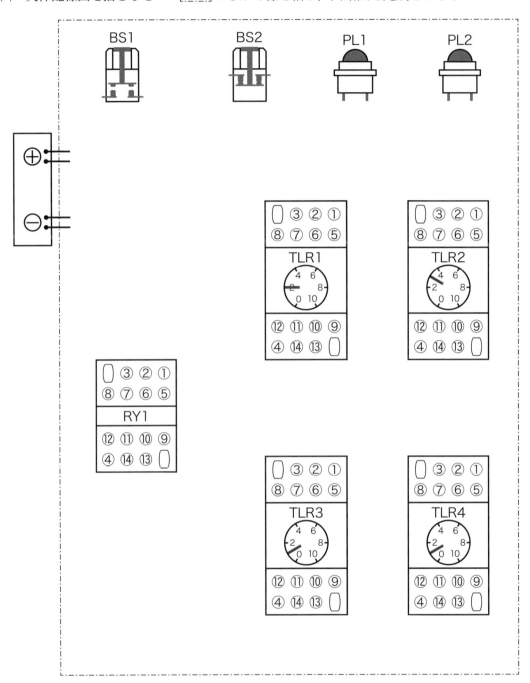

解答例

問題33 ボタンスイッチ (BS1) を押すと，2秒後にランプ (PL1) が点灯しその3秒後から
ランプ (PL2) が点灯と消灯を1秒ごとに繰り返す回路を作成しなさい．

(c) 実体配線図を描きなさい．☐☐☐のなかで線を結び，回路図を完成させなさい．

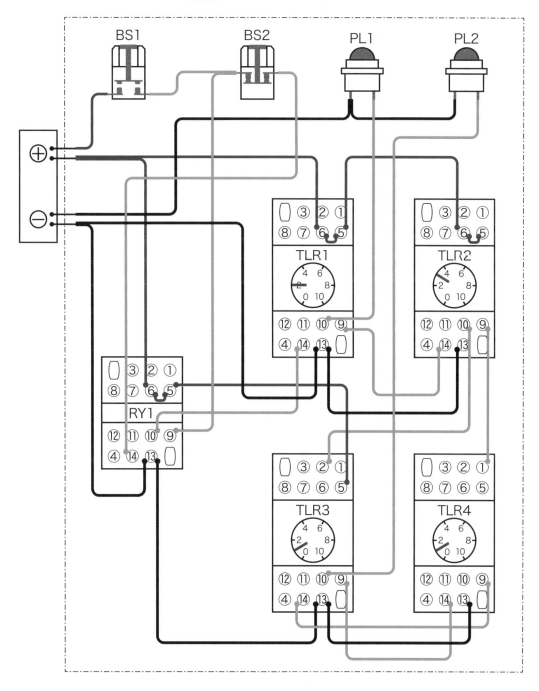

問題 34

ボタンスイッチ（BS1）を押すと，ランプ（PL1）が点灯し続ける回路を作成しなさい．ただし，マイクロスイッチ（LS1）が押されている間はランプ（PL1）が消灯するものとする．

(a) シーケンス図を描きなさい． ┈┈ のなかに図記号を， ▭ のなかに英数字を記入しなさい．

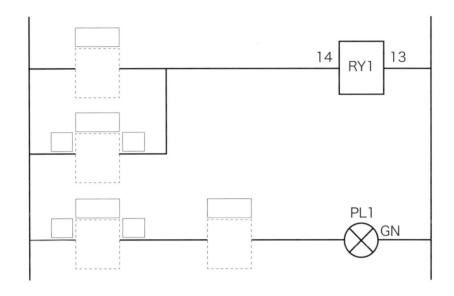

(b) 実体配線図を描きなさい． ┈┈ のなかで線を結び，回路図を完成させなさい．

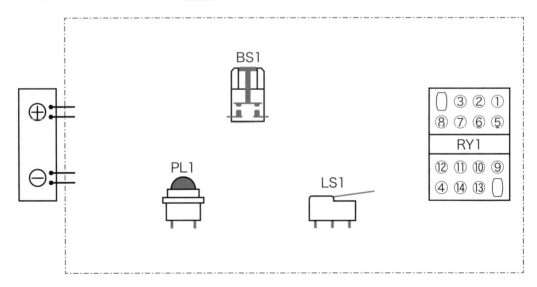

問題34 ボタンスイッチ(BS1)を押すと，ランプ(PL1)が点灯し続ける回路を作成しなさい．ただし，マイクロスイッチ(LS1)が押されている間はランプ(PL1)が消灯するものとする．

(a) シーケンス図を描きなさい．┊┄┄┄┊のなかに図記号を，□□のなかに英数字を記入しなさい．

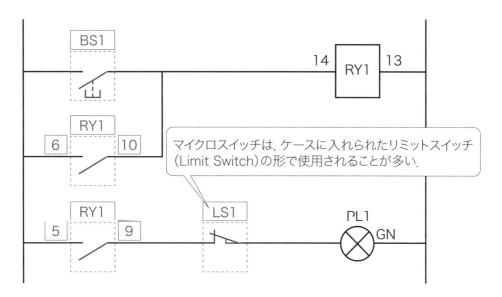

(b) 実体配線図を描きなさい．┊┄┄┊のなかで線を結び，回路図を完成させなさい．

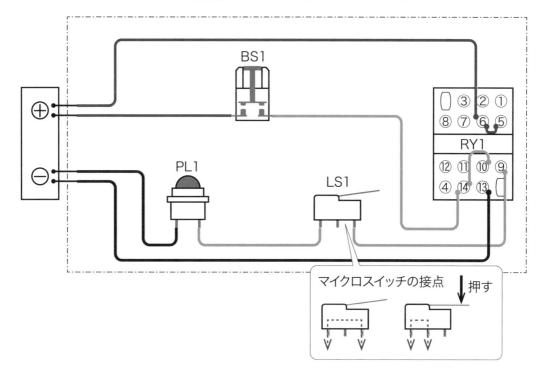

問題 **35** ボタンスイッチ (BS1) を押した後, 近接センサ (高周波発振型) が対象を感知するとランプ (PL1) が点灯する回路を作成しなさい.

(a) シーケンス図を描きなさい. ┊┈┈┈┊のなかに図記号を, ☐☐☐のなかに英数字を記入しなさい.

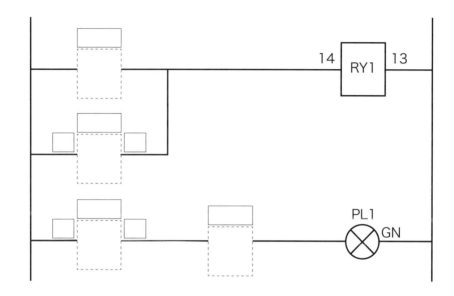

(b) 実体配線図を描きなさい. ┊┈┈┊のなかで線を結び, 回路図を完成させなさい.

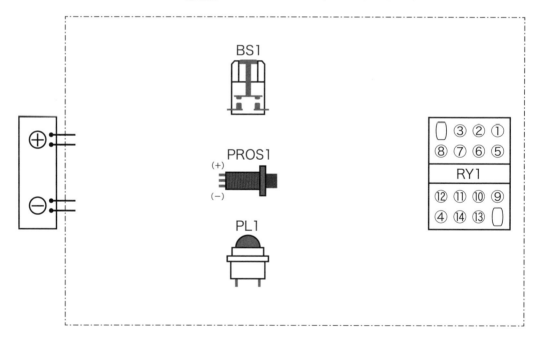

120

解答例

問題35 ボタンスイッチ (BS1) を押した後，近接センサ (高周波発振型) が対象を感知するとランプ (PL1) が点灯する回路を作成しなさい．

(a) シーケンス図を描きなさい． □□□□ のなかに図記号を， □□□ のなかに英数字を記入しなさい．

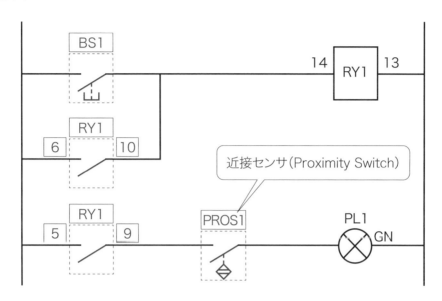

(b) 実体配線図を描きなさい． □□□ のなかで線を結び，回路図を完成させなさい．

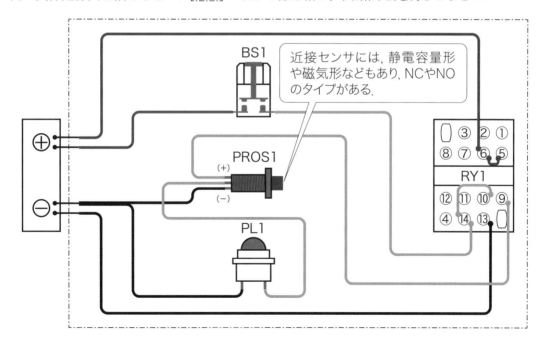

問題 36

ボタンスイッチ（BS1）を押した後，ランプ（PL1）が点灯し続ける回路を作成しなさい．ただし，リードスイッチ（PROS1）が対象（磁石）を感知するまたはボタンスイッチ（BS2）が押されるとランプ（PL1）が消灯（自己保持を解除）するものとする．

(a) シーケンス図を描きなさい．┈┈のなかに図記号を，▭のなかに英数字を記入しなさい．

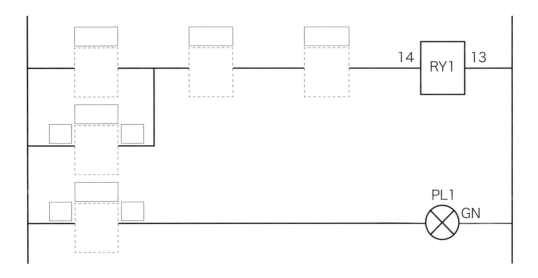

(b) 実体配線図を描きなさい．┈┈のなかで線を結び，回路図を完成させなさい．

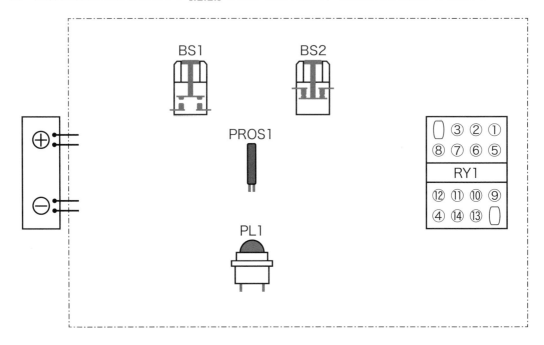

問題36 ボタンスイッチ（BS1）を押した後，ランプ（PL1）が点灯し続ける回路を作成しなさい．ただし，リードスイッチ（PROS1）が対象（磁石）を感知するまたはボタンスイッチ（BS2）が押されるとランプ（PL1）が消灯（自己保持を解除）するものとする．

(a) シーケンス図を描きなさい．┌┈┈┐のなかに図記号を，┌──┐のなかに英数字を記入しなさい．

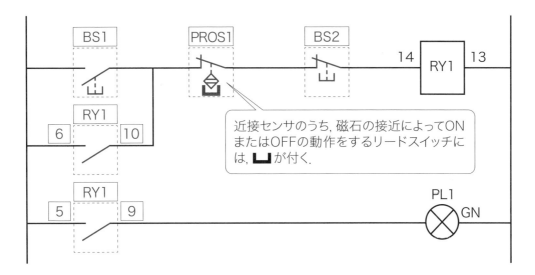

近接センサのうち，磁石の接近によってONまたはOFFの動作をするリードスイッチには，⌴が付く．

(b) 実体配線図を描きなさい．┌┈┈┐のなかで線を結び，回路図を完成させなさい．

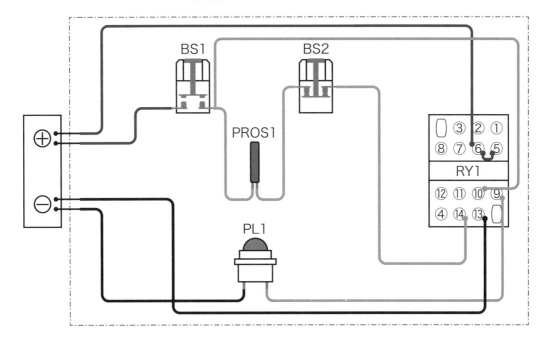

問題 37 ボタンスイッチ（BS1）を押すと，ランプ（PL1）が点灯し続ける回路を作成しなさい．ただし，透過形光電センサ（PHOS1）（入光時に通電状態）が対象を感知する（遮光する）とランプ（PL1）が消灯（自己保持を解除）するものとする．

(a) シーケンス図を描きなさい． ┈┈ のなかに図記号を， ▭ のなかに英数字を記入しなさい．

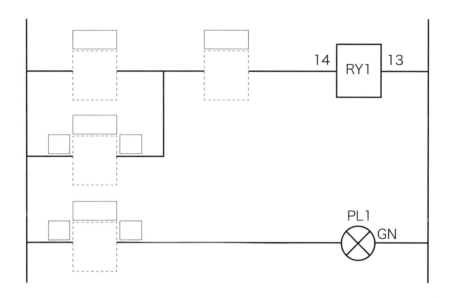

(b) 実体配線図を描きなさい． ┈┈ のなかで線を結び，回路図を完成させなさい．

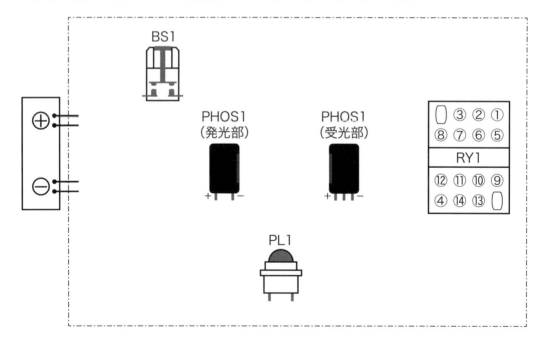

解答例

問題37 ボタンスイッチ (BS1) を押すと，ランプ (PL1) が点灯し続ける回路を作成しなさい．ただし，透過形光電センサ (PHOS1)（入光時に通電状態）が対象を感知する（遮光する）とランプ (PL1) が消灯（自己保持を解除）するものとする．

(a) シーケンス図を描きなさい．⋯⋯のなかに図記号を，□のなかに英数字を記入しなさい．

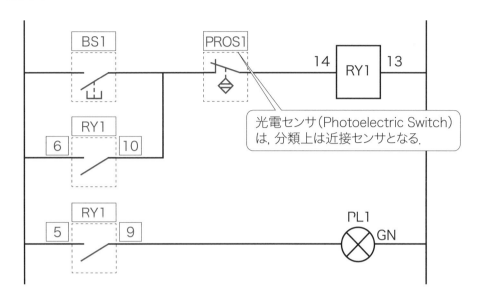

光電センサ (Photoelectric Switch) は，分類上は近接センサとなる．

(b) 実体配線図を描きなさい．⋯⋯のなかで線を結び，回路図を完成させなさい．

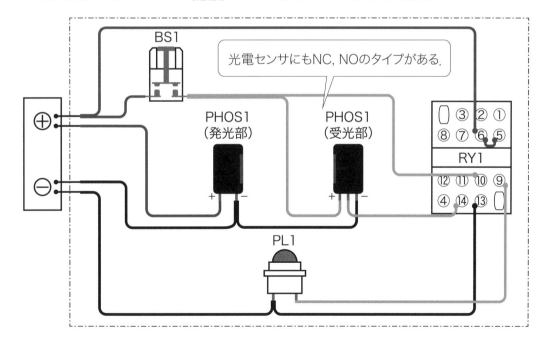

光電センサにもNC，NOのタイプがある．

問題 38 ボタンスイッチ（BS1）を押すと，ランプ（PL1）が点灯し続ける回路を作成しなさい．ただし，マイクロスイッチ（LS1）が5回押されるとランプ（PL1）が消灯（自己保持を解除）するものとし，ボタンスイッチ（BS2）を押すとカウントがリセットされる．

(a) シーケンス図を描きなさい． のなかに図記号を， のなかに英数字を記入しなさい．

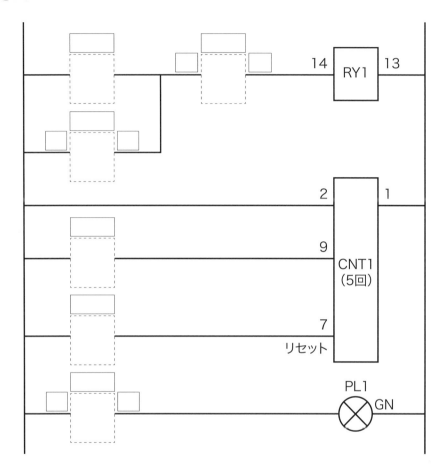

問題38 ボタンスイッチ（BS1）を押すと，ランプ（PL1）が点灯し続ける回路を作成しなさい．ただし，マイクロスイッチ（LS1）が5回押されるとランプ（PL1）が消灯（自己保持を解除）するものとし，ボタンスイッチ（BS2）を押すとカウントがリセットされる．

(a) シーケンス図を描きなさい． ┊┈┈┈┊のなかに図記号を，◻のなかに英数字を記入しなさい．

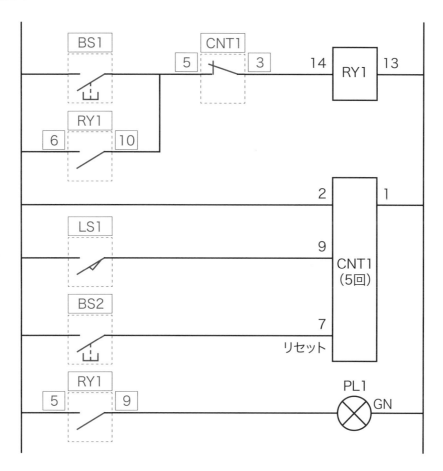

問題 38 ボタンスイッチ (BS1) を押すと，ランプ (PL1) が点灯し続ける回路を作成しなさい．ただし，マイクロスイッチ (LS1) が 5 回押されるとランプ (PL1) が消灯（自己保持を解除）するものとし，ボタンスイッチ (BS2) を押すとカウントがリセットされる．

(b) 実体配線図を描きなさい．□□□のなかで線を結び，回路図を完成させなさい．

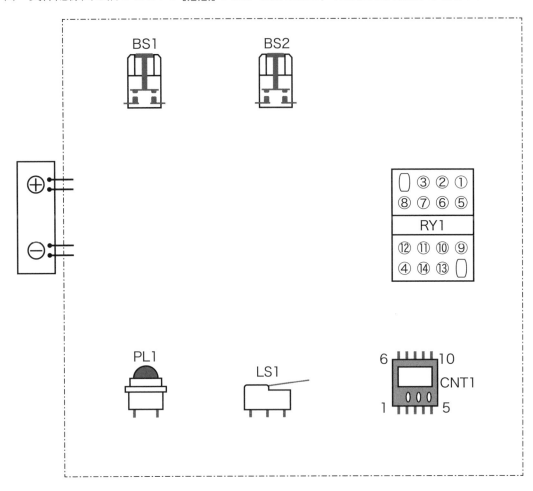

解答例

問題38 ボタンスイッチ(BS1)を押すと，ランプ(PL1)が点灯し続ける回路を作成しなさい．ただし，マイクロスイッチ(LS1)が5回押されるとランプ(PL1)が消灯(自己保持を解除)するものとし，ボタンスイッチ(BS2)を押すとカウントがリセットされる．

(b) 実体配線図を描きなさい． のなかで線を結び，回路図を完成させなさい．

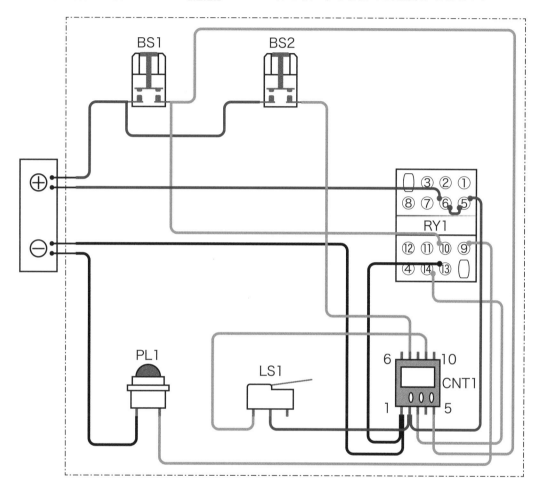

ボタンスイッチ(BS1)を押すと，ランプ(PL1)が点灯し続ける回路を作成しなさい．ただし，リードスイッチ(PROS1)が対象(磁石)を感知すると2秒後にランプ(PL1)が消灯しランプ(PL2)が点灯するものとする．

(a) シーケンス図を描きなさい． ⬚ のなかに図記号を， ▭ のなかに英数字を記入しなさい．

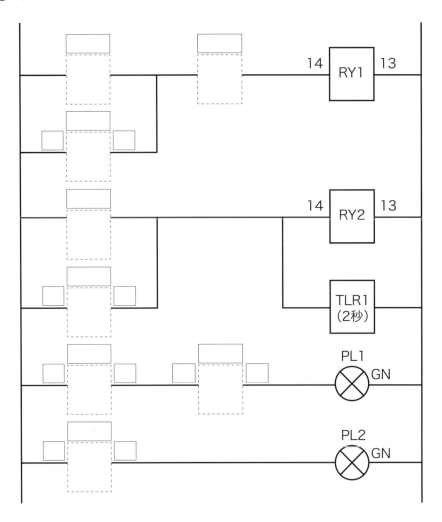

問題39 ボタンスイッチ（BS1）を押すと，ランプ（PL1）が点灯し続ける回路を作成しなさい．ただし，リードスイッチ（PROS1）が対象（磁石）を感知すると2秒後にランプ（PL1）が消灯しランプ（PL2）が点灯するものとする．

(a) シーケンス図を描きなさい． :::::: のなかに図記号を，□□□ のなかに英数字を記入しなさい．

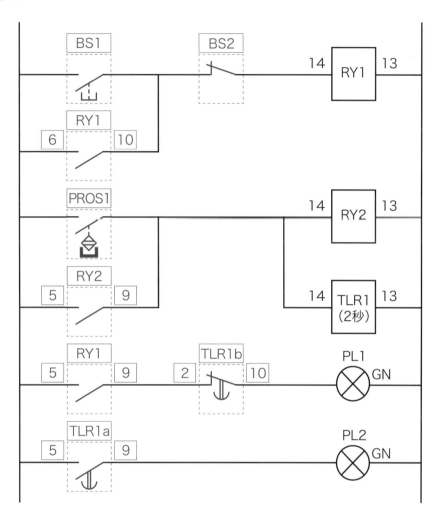

問題 39 ボタンスイッチ(BS1)を押すと，ランプ(PL1)が点灯し続ける回路を作成しなさい．ただし，リードスイッチ(PROS1)が対象(磁石)を感知すると2秒後にランプ(PL1)が消灯しランプ(PL2)が点灯するものとする．

(b) 実体配線図を描きなさい．のなかで線を結び，回路図を完成させなさい．

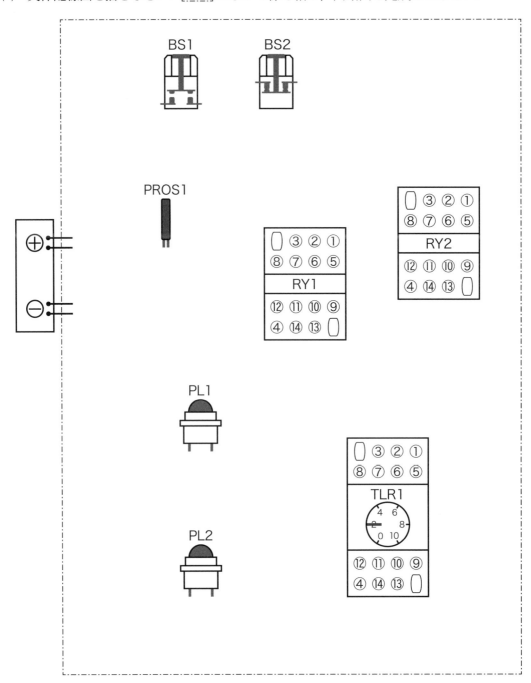

解答例

問題39 ボタンスイッチ(BS1)を押すと，ランプ(PL1)が点灯し続ける回路を作成しなさい．ただし，リードスイッチ(PROS1)が対象(磁石)を感知すると2秒後にランプ(PL1)が消灯しランプ(PL2)が点灯するものとする．

(b) 実体配線図を描きなさい．⌐‾｜のなかで線を結び，回路図を完成させなさい．

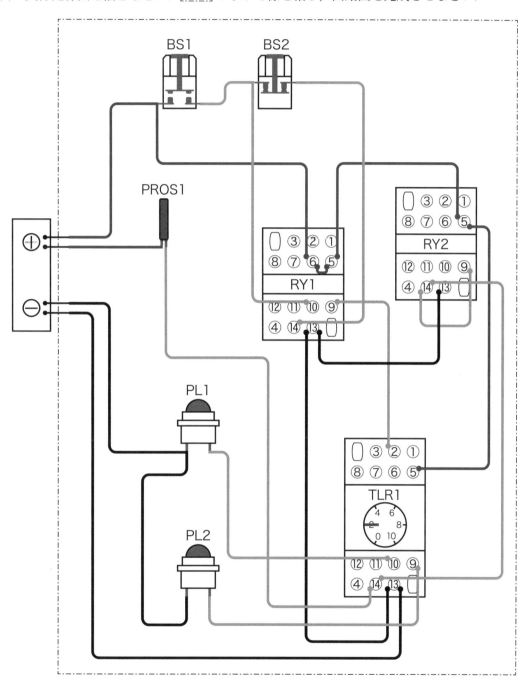

問題
40
ボタンスイッチ(BS1)を押すとコンベアが動作しランプ(PL1)が点灯し続ける回路を作成しなさい. ただし, マイクロスイッチ(LS1)またはボタンスイッチ(BS2)が押されるとコンベアが停止し, ランプが消灯するものとする.

(a) シーケンス図を描きなさい. [____]のなかに図記号を, [__]のなかに英数字を記入しなさい.

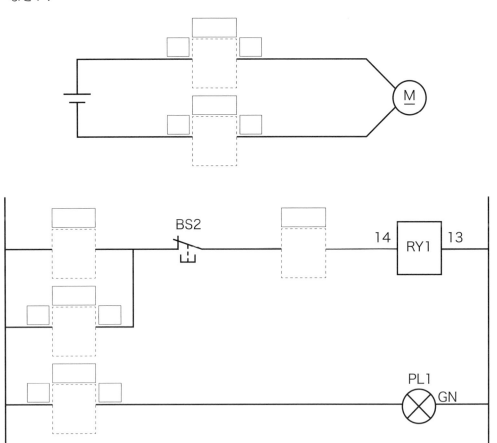

解答例

問題40 ボタンスイッチ (BS1) を押すとコンベアが動作しランプ (PL1) が点灯し続ける回路を作成しなさい. ただし, マイクロスイッチ (LS1) またはボタンスイッチ (BS2) が押されるとコンベアが停止し, ランプが消灯するものとする.

(a) シーケンス図を描きなさい. のなかに図記号を, のなかに英数字を記入しなさい.

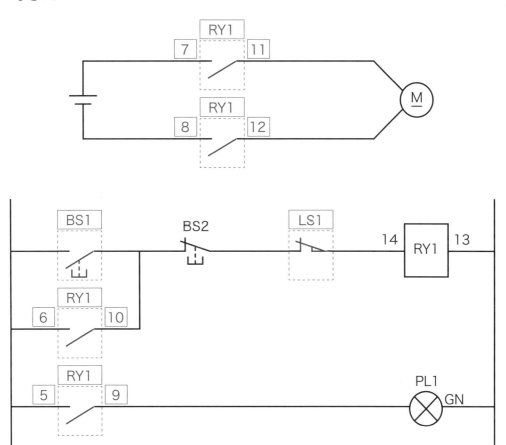

問題 40

ボタンスイッチ(BS1)を押すとコンベアが動作しランプ(PL1)が点灯し続ける回路を作成しなさい．ただし，マイクロスイッチ(LS1)またはボタンスイッチ(BS2)が押されるとコンベアが停止し，ランプが消灯するものとする．

(b)　実体配線図を描きなさい．[____]のなかで線を結び，回路図を完成させなさい．

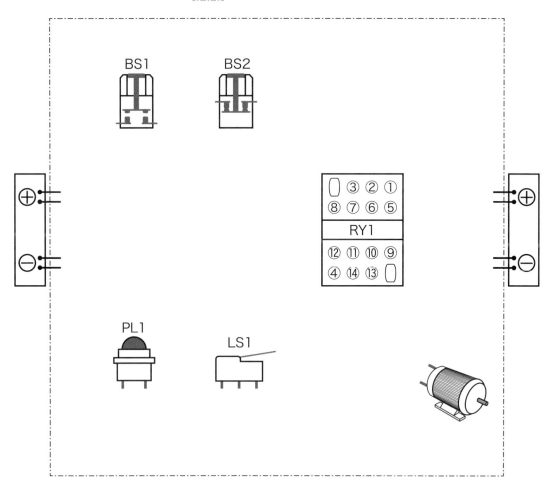

解答例

問題40 ボタンスイッチ (BS1) を押すとコンベアが動作しランプ (PL1) が点灯し続ける回路を作成しなさい. ただし, マイクロスイッチ (LS1) またはボタンスイッチ (BS2) が押されるとコンベアが停止し, ランプが消灯するものとする.

(b) 実体配線図を描きなさい. ┌──┐ のなかで線を結び, 回路図を完成させなさい.

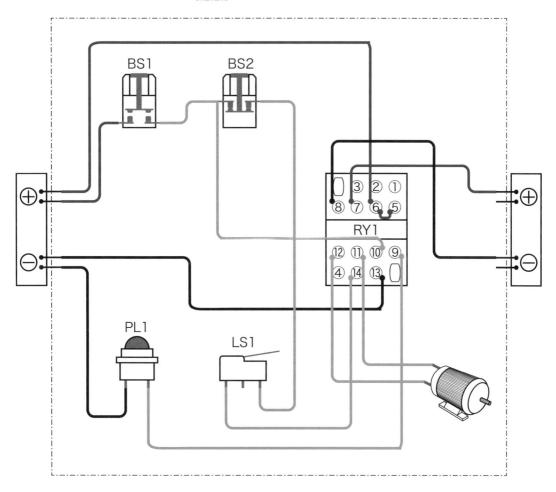

ボタンスイッチ（BS1）を押すとコンベアが動作しランプ（PL1）が点灯し，マイクロスイッチ（LS1）が押されると2秒後にコンベアが停止し，ランプ（PL1）が消灯しランプ（PL2）が点灯する回路を作成しなさい．ただし，ボタンスイッチ（BS2）を押すとランプ（PL1）が消灯し，コンベアが停止するものとする．

(a) シーケンス図を描きなさい． ┈のなかに図記号を， □のなかに英数字を記入しなさい．

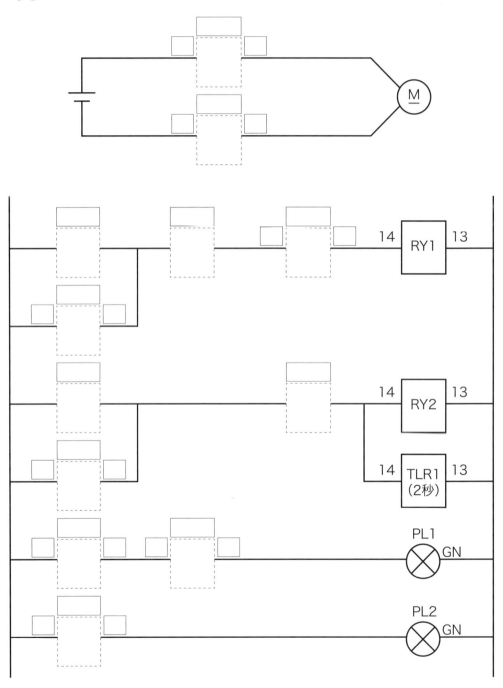

解答例

ボタンスイッチ（BS1）を押すとコンベアが動作しランプ（PL1）が点灯し，マイクロスイッチ（LS1）が押されると 2 秒後にコンベアが停止し，ランプ（PL1）が消灯しランプ（PL2）が点灯する回路を作成しなさい．ただし，ボタンスイッチ（BS2）を押すとランプ（PL1）が消灯し，コンベアが停止するものとする．

(a) シーケンス図を描きなさい． ┊┄┄┊のなかに図記号を，□□□のなかに英数字を記入しなさい．

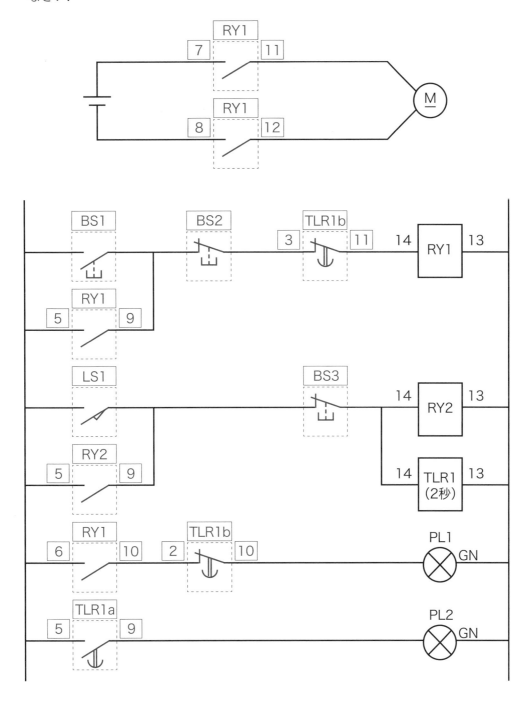

ボタンスイッチ (BS1) を押すとコンベアが動作しランプ (PL1) が点灯し，マイクロスイッチ (LS1) が押されると 2 秒後にコンベアが停止し，ランプ (PL1) が消灯しランプ (PL2) が点灯する回路を作成しなさい．ただし，ボタンスイッチ (BS2) を押すとランプ (PL1) が消灯し，コンベアが停止するものとする．

(b) 実体配線図を描きなさい． のなかで線を結び，回路図を完成させなさい．

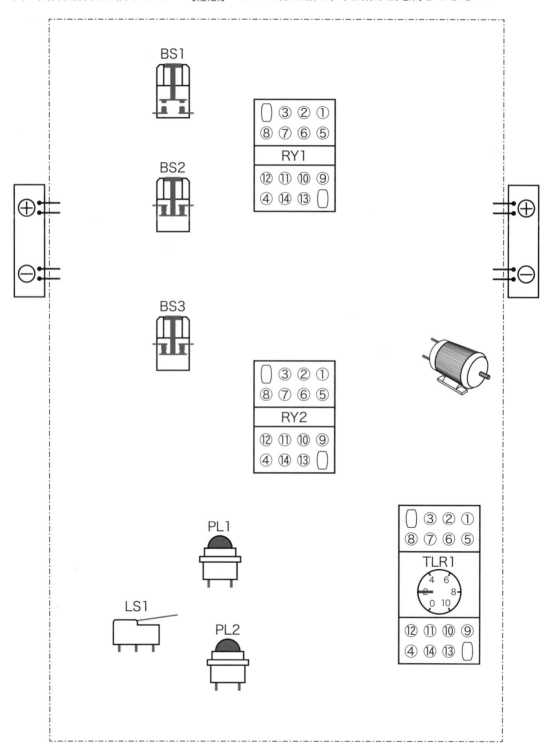

解答例

問題41 ボタンスイッチ (BS1) を押すとコンベアが動作しランプ (PL1) が点灯し, マイクロスイッチ (LS1) が押されると2秒後にコンベアが停止し, ランプ (PL1) が消灯しランプ (PL2) が点灯する回路を作成しなさい. ただし, ボタンスイッチ (BS2) を押すとランプ (PL1) が消灯し, コンベアが停止するものとする.

(b) 実体配線図を描きなさい. のなかで線を結び, 回路図を完成させなさい.

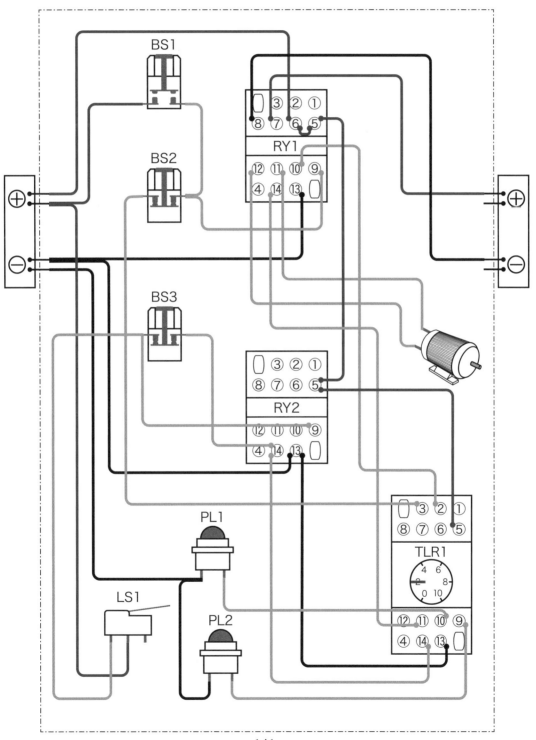

141

ボタンスイッチ (BS1) を押すと，電動機が回転し，ボタンスイッチ (BS2) を押すと回転が停止する回路を作成しなさい．

(a) シーケンス図を描きなさい． ⬚ のなかに図記号を， ☐ のなかに英数字を記入しなさい．

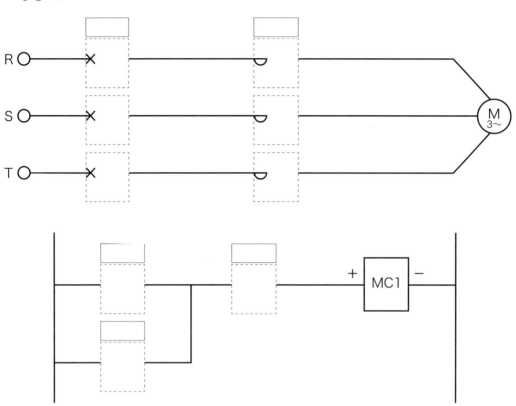

解答例

問題42 ボタンスイッチ (BS1) を押すと，電動機が回転し，ボタンスイッチ (BS2) を押すと回転が停止する回路を作成しなさい.

(a) シーケンス図を描きなさい. ┌┄┄┐のなかに図記号を，┌──┐のなかに英数字を記入しなさい.

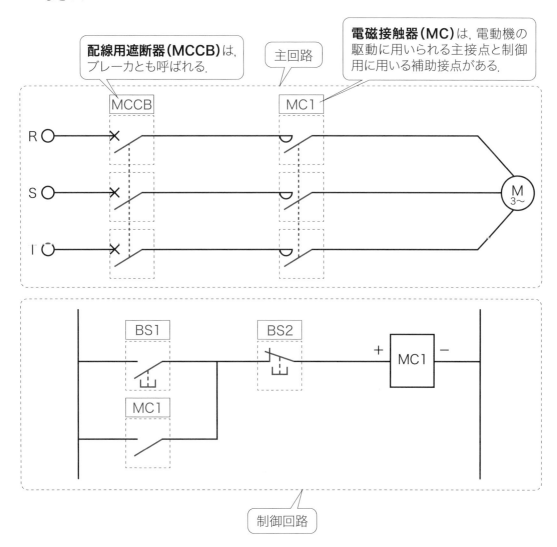

配線用遮断器 (MCCB) は，ブレーカとも呼ばれる.

主回路

電磁接触器 (MC) は，電動機の駆動に用いられる主接点と制御用に用いる補助接点がある.

制御回路

問題 42 ボタンスイッチ (BS1) を押すと，電動機が回転し，ボタンスイッチ (BS2) を押すと回転が停止する回路を作成しなさい．

(b) 実体配線図を描きなさい． □□ のなかで線を結び，回路図を完成させなさい．

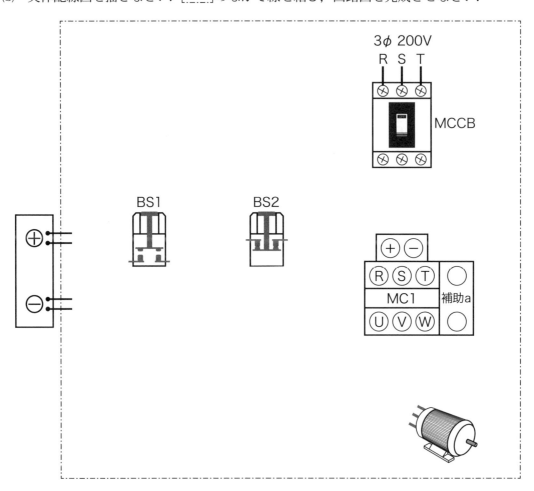

解答例

問題42 ボタンスイッチ (BS1) を押すと，電動機が回転し，ボタンスイッチ (BS2) を押すと回転が停止する回路を作成しなさい．

(b) 実体配線図を描きなさい．[____]のなかで線を結び，回路図を完成させなさい．

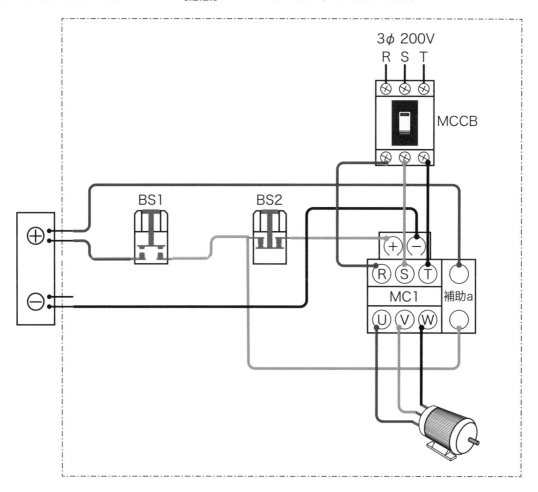

問題 43 ボタンスイッチ(BS1)を押すと，電動機が回転し，ランプ(PL1)が点灯し，ボタンスイッチ(BS2)を押すと回転が停止かつランプが消灯する回路を作成しなさい．

(a) シーケンス図を描きなさい． のなかに図記号を， のなかに英数字を記入しなさい．

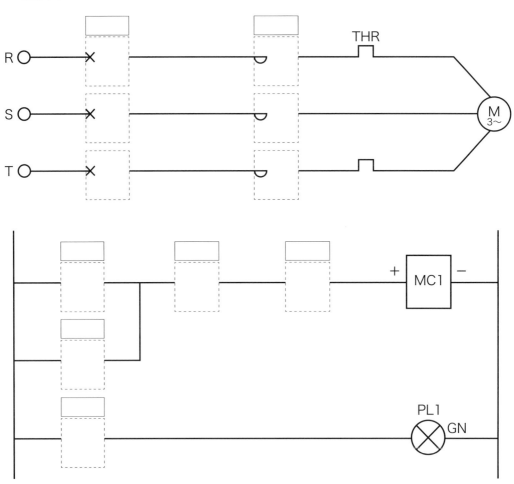

解答例

問題43 ボタンスイッチ (BS1) を押すと，電動機が回転し，ランプ (PL1) が点灯し，ボタンスイッチ (BS2) を押すと回転が停止かつランプが消灯する回路を作成しなさい.

(a) シーケンス図を描きなさい. ┊┄┄┄┊のなかに図記号を， ☐のなかに英数字を記入しなさい.

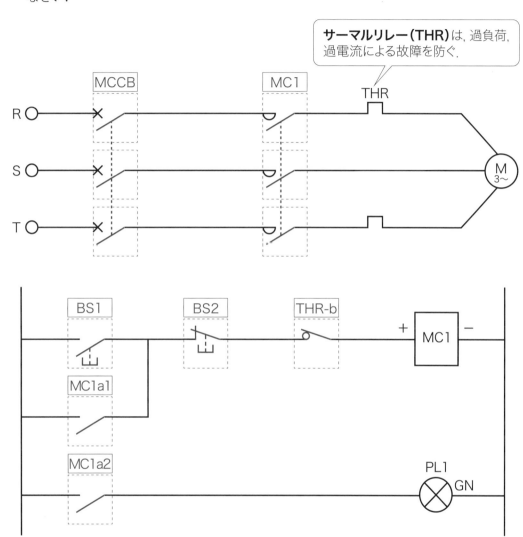

サーマルリレー (THR) は, 過負荷, 過電流による故障を防ぐ.

ボタンスイッチ(BS1)を押すと，電動機が回転し，ランプ(PL1)が点灯し，ボタンスイッチ(BS2)を押すと回転が停止かつランプが消灯する回路を作成しなさい．

(b) 実体配線図を描きなさい．ﾞﾞﾞﾞﾞのなかで線を結び，回路図を完成させなさい．

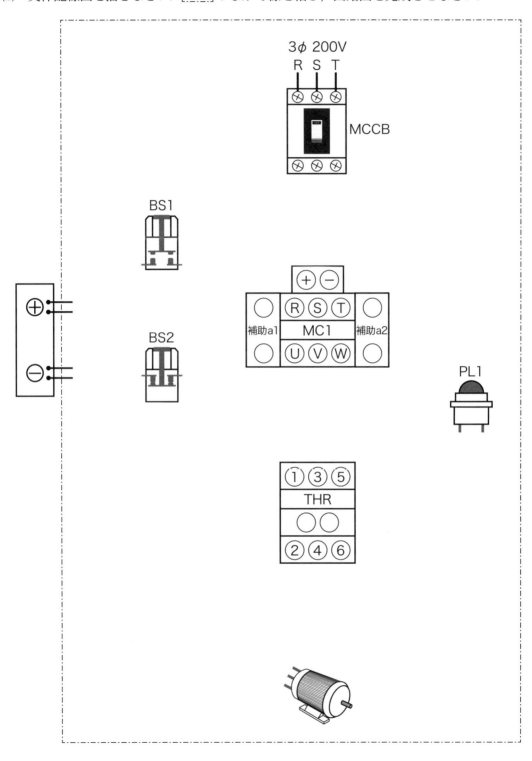

148

解答例

問題43 ボタンスイッチ（BS1）を押すと，電動機が回転し，ランプ（PL1）が点灯し，ボタンスイッチ（BS2）を押すと回転が停止かつランプが消灯する回路を作成しなさい．

(b) 実体配線図を描きなさい． ![dashed box] のなかで線を結び，回路図を完成させなさい．

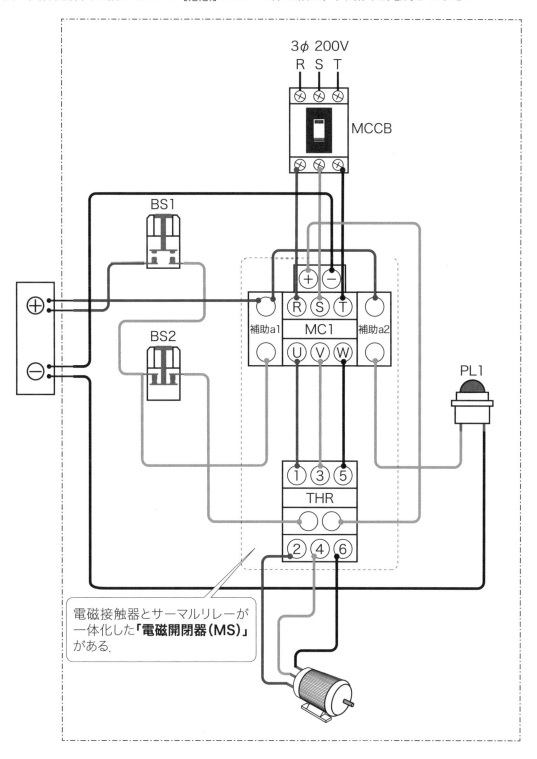

3φ 200V
R S T

MCCB

BS1

BS2

補助a1　MC1　補助a2
R S T
U V W

PL1

1 3 5
THR
2 4 6

電磁接触器とサーマルリレーが一体化した**「電磁開閉器（MS）」**がある．

149

ボタンスイッチ (BS1) を押すと電動機が回転し，ボタンスイッチ (BS2) を押すと電動機が逆回転する回路を作成しなさい．ただし，正転と逆転の動作が同時に生じないようにする．

(a) シーケンス図を描きなさい．▭のなかに図記号を，▭のなかに英数字を記入しなさい．

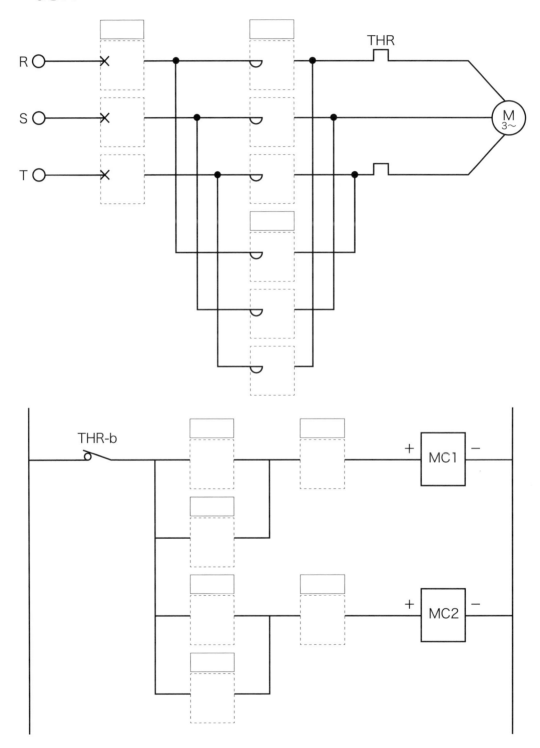

解答例

問題44 ボタンスイッチ (BS1) を押すと電動機が回転し，ボタンスイッチ (BS2) を押すと電動機が逆回転する回路を作成しなさい．ただし，正転と逆転の動作が同時に生じないようにする．

(a) シーケンス図を描きなさい． ┈┈┈ のなかに図記号を， ▢ のなかに英数字を記入しなさい．

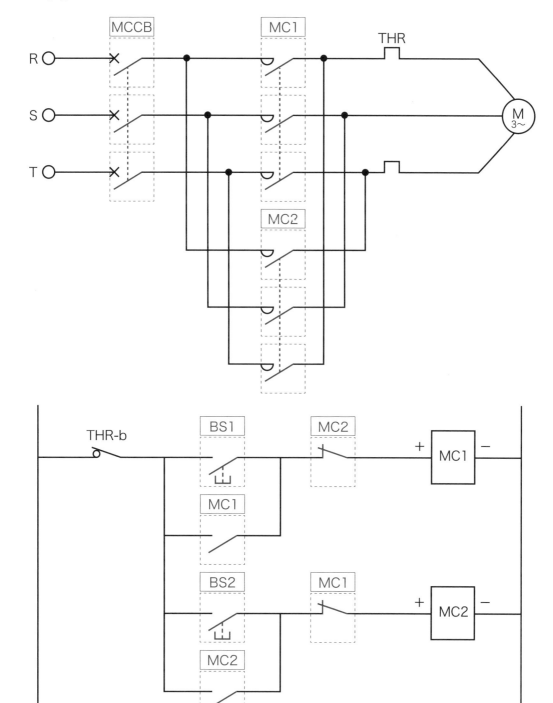

151

問題 44 ボタンスイッチ（BS1）を押すと電動機が回転し，ボタンスイッチ（BS2）を押すと電動機が逆回転する回路を作成しなさい．ただし，正転と逆転の動作が同時に生じないようにする．

(b) 実体配線図を描きなさい．¦＿＿＿¦のなかで線を結び，回路図を完成させなさい．

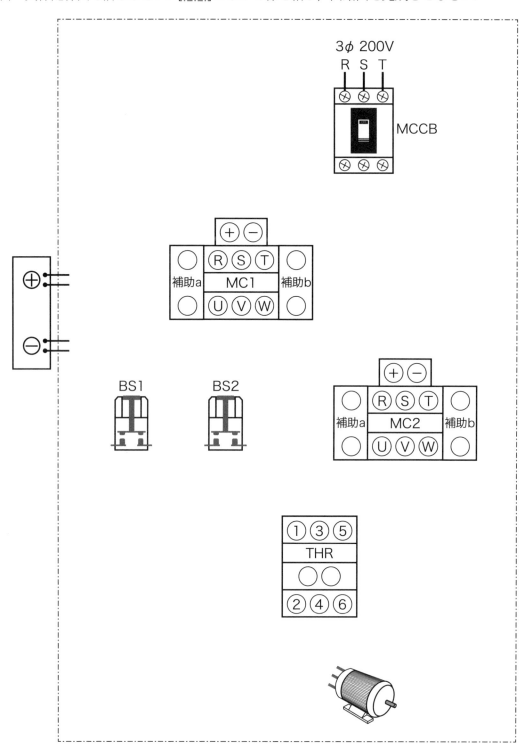

解答例

問題44 ボタンスイッチ (BS1) を押すと電動機が回転し，ボタンスイッチ (BS2) を押すと
電動機が逆回転する回路を作成しなさい．ただし，正転と逆転の動作が同時に生
じないようにする．

(b) 実体配線図を描きなさい．□のなかで線を結び，回路図を完成させなさい．

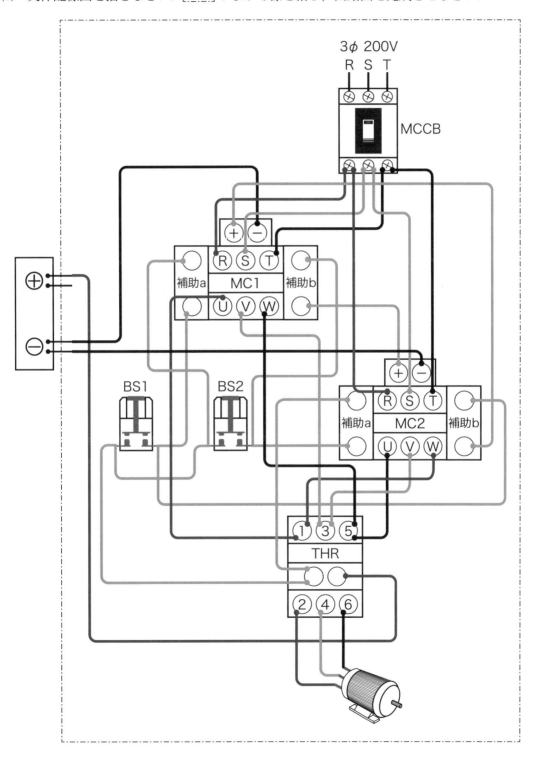

153

問題 45 ボタンスイッチ(BS1)を押すと，電動機が回転する回路を作成しなさい．結線は Y−Δ始動法を用いる．Y−Δは動作運転開始後10秒で切り替わる．ボタンスイッチ(BS2)を押すと電動機は停止するものとする．

(a) シーケンス図を描きなさい． ▫▫▫ のなかに図記号を， ▭ のなかに英数字を記入しなさい．さらに抜けている線があれば加えなさい．

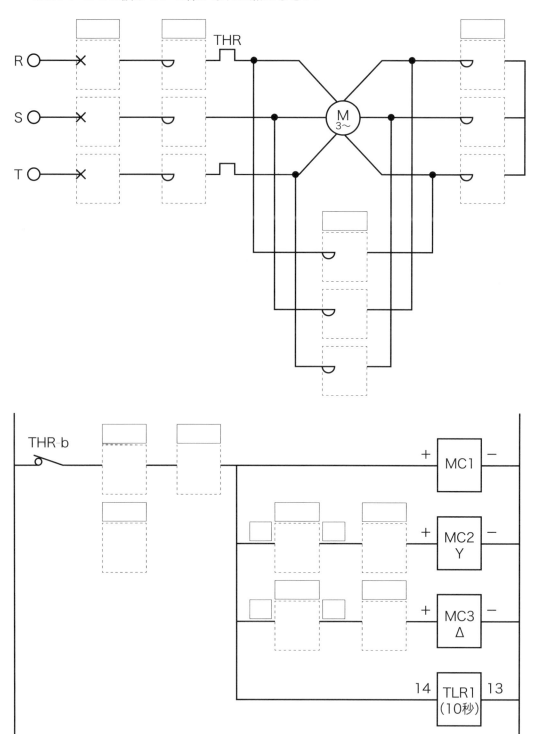

154

解答例

問題45 ボタンスイッチ (BS1) を押すと，電動機が回転する回路を作成しなさい．結線は Y－Δ始動法を用いる．Y－Δは動作運転開始後10秒で切り替わる．ボタンスイッチ (BS2) を押すと電動機は停止するものとする．

(a) シーケンス図を描きなさい． ┊┄┄┄┊ のなかに図記号を， ▭ のなかに英数字を記入しなさい．さらに抜けている線があれば加えなさい．

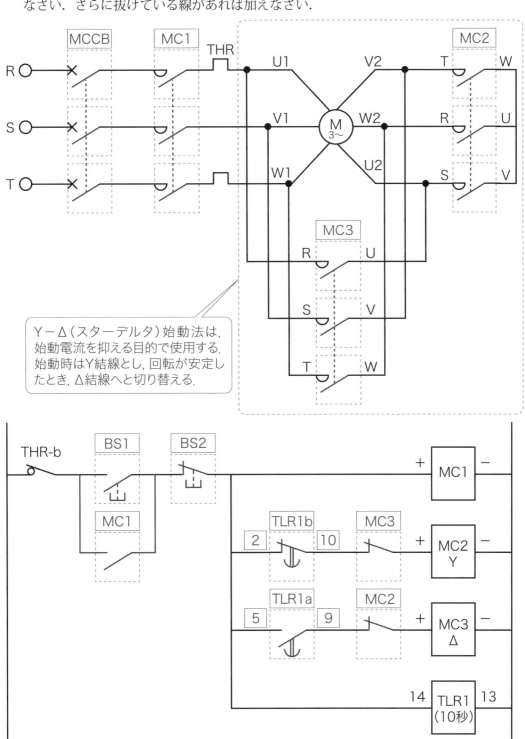

Y－Δ（スターデルタ）始動法は，始動電流を抑える目的で使用する．始動時はY結線とし，回転が安定したとき，Δ結線へと切り替える．

問題 45

ボタンスイッチ（BS1）を押すと，電動機が回転する回路を作成しなさい．結線は Y－Δ始動法を用いる．Y－Δは動作運転開始後10秒で切り替わる．ボタンスイッチ（BS2）を押すと電動機は停止するものとする．

(b) 実体配線図を描きなさい．のなかで線を結び，回路図を完成させなさい．

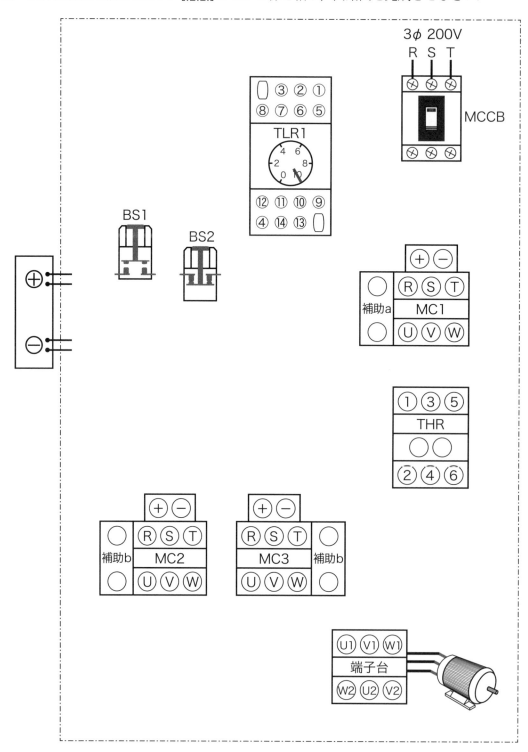

156

解答例

問題45 ボタンスイッチ (BS1) を押すと，電動機が回転する回路を作成しなさい．結線は Y－Δ始動法を用いる．Y－Δは動作運転開始後10秒で切り替わる．ボタンスイッチ (BS2) を押すと電動機は停止するものとする．

(b) 実体配線図を描きなさい．┌┈┈┐のなかで線を結び，回路図を完成させなさい．

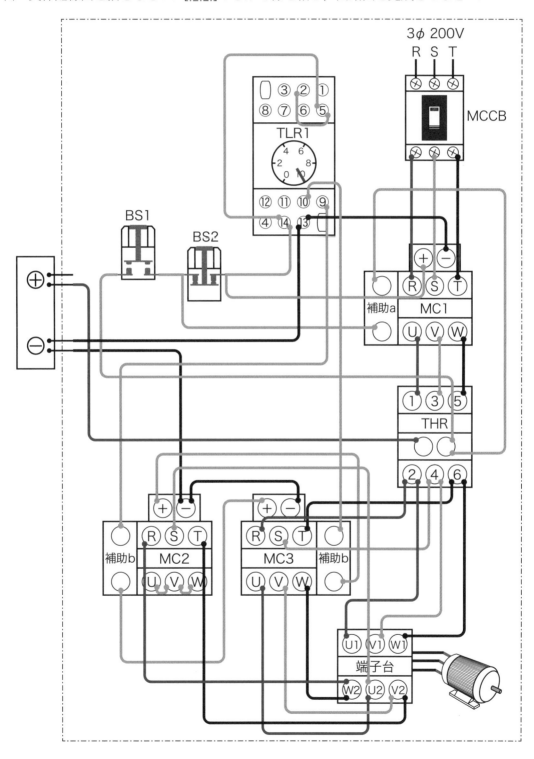

問題 46
ボタンスイッチ (BS1) を押すと，電動機が回転する回路を作成しなさい．結線は Y－Δ始動法を用いる．Y－Δ動作運転開始後 10 秒で切り替わる．ボタンスイッチ (BS2) を押すと電動機は停止するものとする．

(a) シーケンス図を描きなさい． ┈┈┈ のなかに図記号を， ☐ のなかに英数字を記入しなさい．

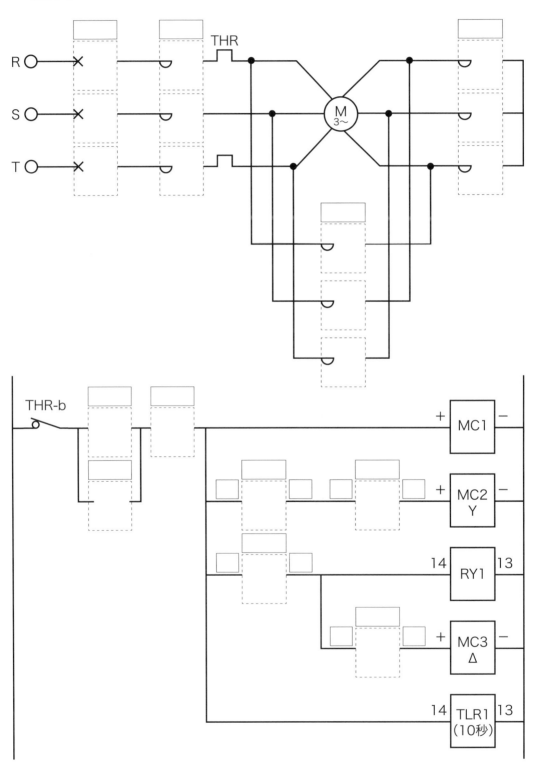

解答例

問題46 ボタンスイッチ (BS1) を押すと，電動機が回転する回路を作成しなさい．結線は Y－Δ始動法を用いる．Y－Δ動作運転開始後 10 秒で切り替わる．ボタンスイッチ (BS2) を押すと電動機は停止するものとする．

(a) シーケンス図を描きなさい．┊┄┄┄┊のなかに図記号を，▭のなかに英数字を記入しなさい．

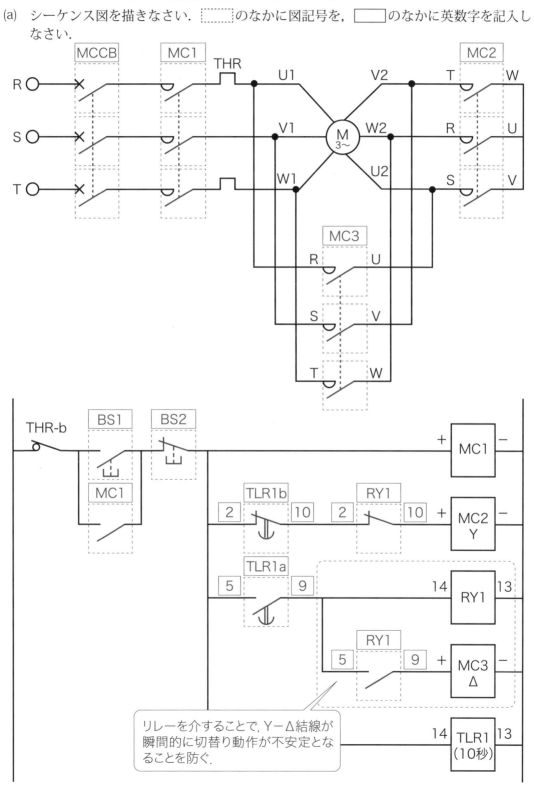

リレーを介することで，Y－Δ結線が瞬間的に切替り動作が不安定となることを防ぐ．

問題
46

ボタンスイッチ (BS1) を押すと，電動機が回転する回路を作成しなさい．結線は Y－Δ始動法を用いる．Y－Δ動作運転開始後 10 秒で切り替わる．ボタンスイッチ (BS2) を押すと電動機は停止するものとする．

(b) 実体配線図を描きなさい． のなかで線を結び，回路図を完成させなさい．

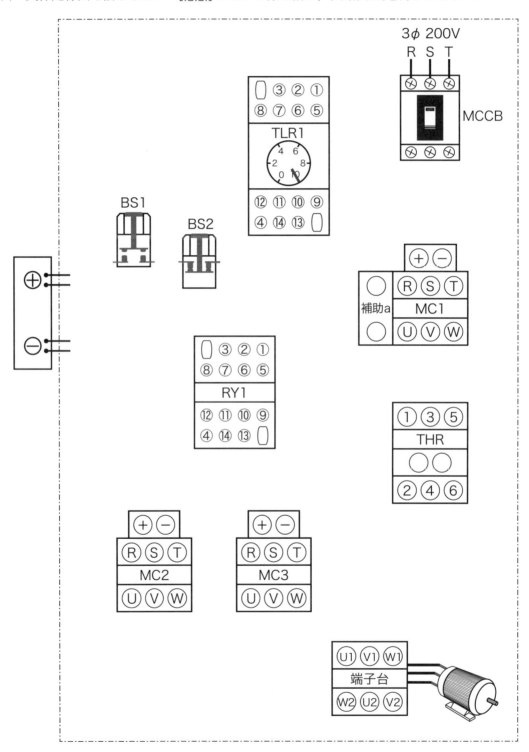

160

解答例

問題46 ボタンスイッチ (BS1) を押すと，電動機が回転する回路を作成しなさい．結線は Y−Δ 始動法を用いる．Y−Δ 動作運転開始後 10 秒で切り替わる．ボタンスイッチ (BS2) を押すと電動機は停止するものとする．

(b) 実体配線図を描きなさい． のなかで線を結び，回路図を完成させなさい．

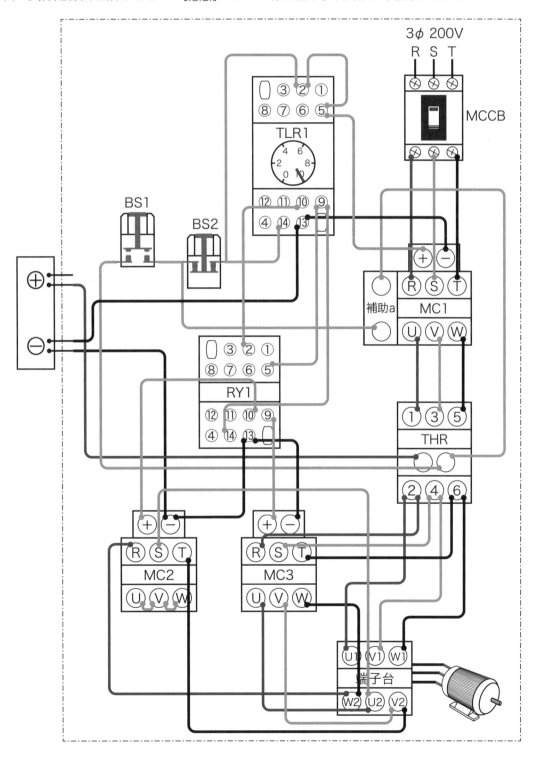

161

問題 47 ボタンスイッチ（BS1）を押すとランプ（PL1）が点灯し，5秒後に電動機が回転する．ボタンスイッチ（BS2）を押すと回転が停止し，ランプ（PL1）が消灯する回路を作成しなさい．

(a) シーケンス図を描きなさい．┈┈┈のなかに図記号を，□□□のなかに英数字を記入しなさい．

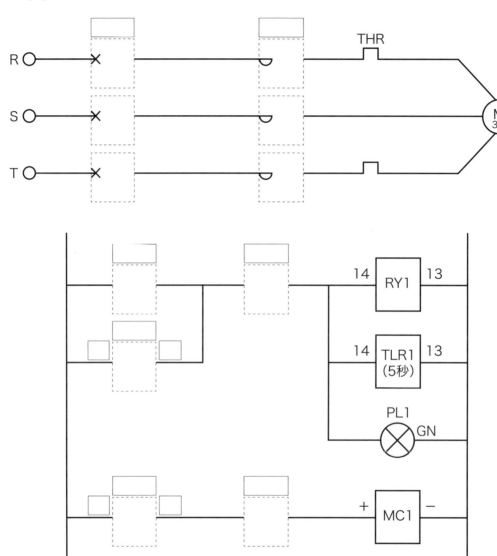

解答例

問題47 ボタンスイッチ（BS1）を押すとランプ（PL1）が点灯し，5秒後に電動機が回転する．ボタンスイッチ（BS2）を押すと回転が停止し，ランプ（PL1）が消灯する回路を作成しなさい．

(a) シーケンス図を描きなさい． ┊┈┈┈┊ のなかに図記号を， ▭ のなかに英数字を記入しなさい．

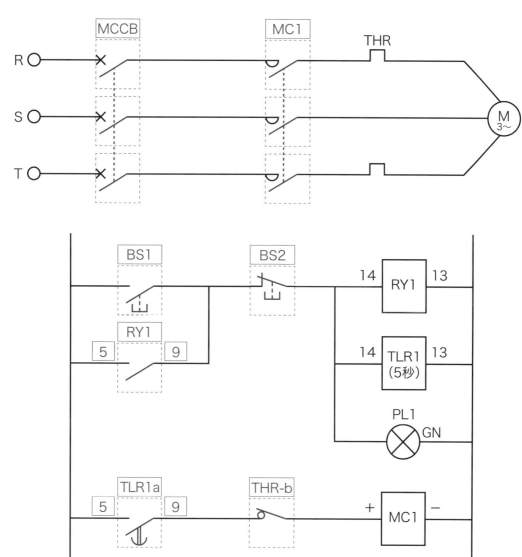

163

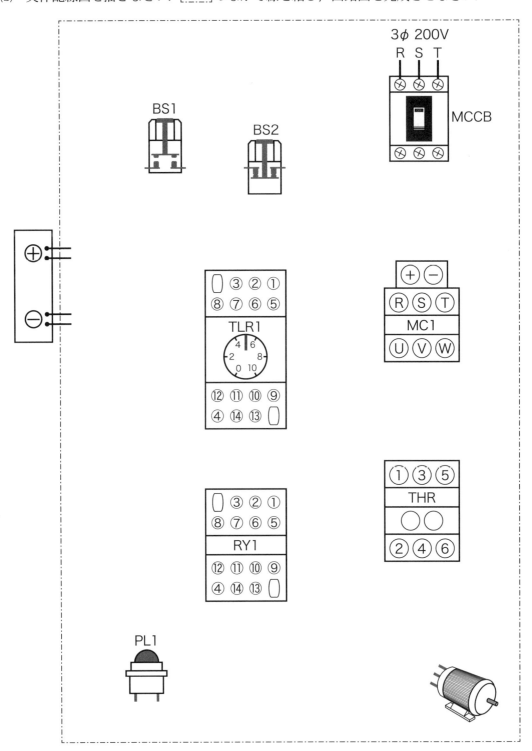

問題 47 ボタンスイッチ (BS1) を押すとランプ (PL1) が点灯し，5 秒後に電動機が回転する．ボタンスイッチ (BS2) を押すと回転が停止し，ランプ (PL1) が消灯する回路を作成しなさい．

(b) 実体配線図を描きなさい． ┌┈┈┐ のなかで線を結び，回路図を完成させなさい．

164

解答例

問題47 ボタンスイッチ（BS1）を押すとランプ（PL1）が点灯し，5秒後に電動機が回転する．ボタンスイッチ（BS2）を押すと回転が停止し，ランプ（PL1）が消灯する回路を作成しなさい．

(b) 実体配線図を描きなさい．「_ _ _」のなかで線を結び，回路図を完成させなさい．

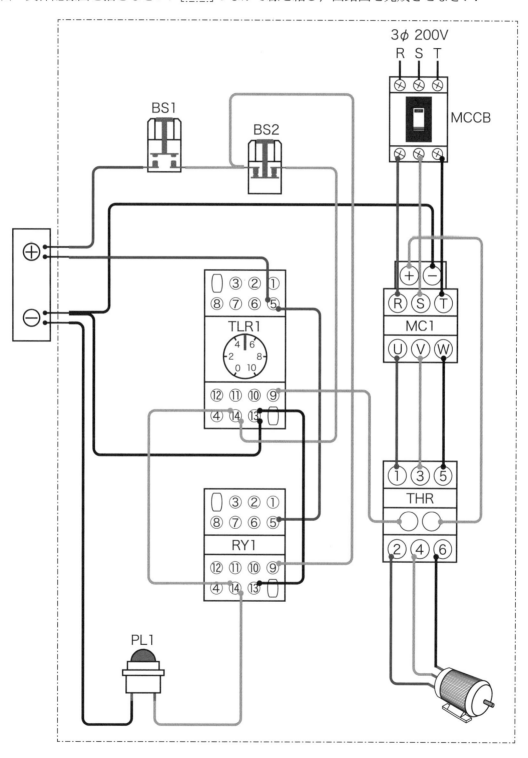

問題 48

ボタンスイッチ(BS1)を押すと，電動機が回転する回路を作成しなさい．結線はY－Δ始動法を用いて，Y結線運転中はランプ(PL1)，Δ結線運転中はランプ(PL2)がそれぞれ点灯する．Y－Δは動作運転開始後10秒で切り替わる．ボタンスイッチ(BS2)を押すと電動機は停止するものとする．

(a) シーケンス図を描きなさい． のなかに図記号を， のなかに英数字を記入しなさい．

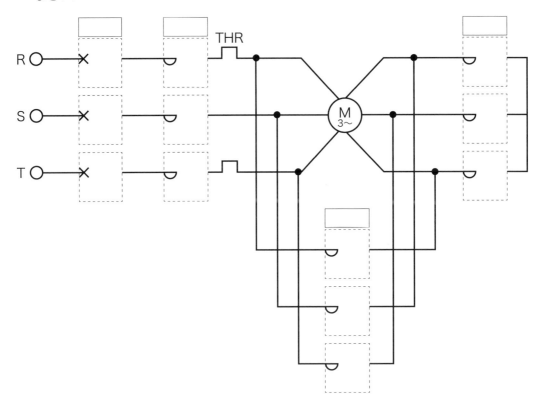

166

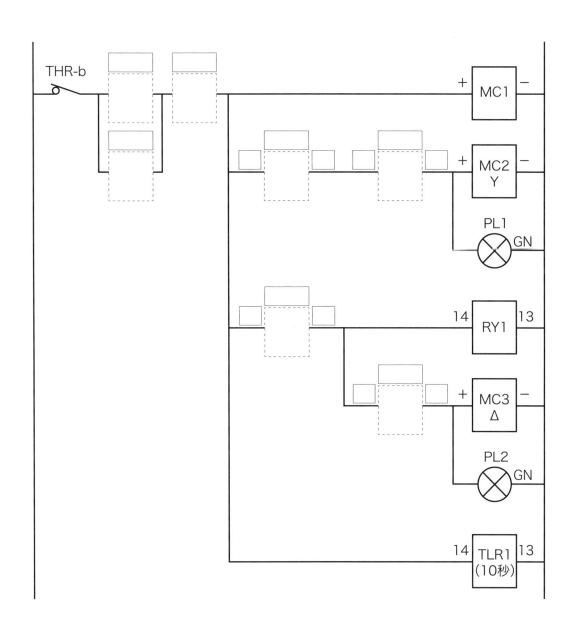

解答例

問題48 ボタンスイッチ(BS1)を押すと，電動機が回転する回路を作成しなさい．結線はY−Δ始動法を用いて，Y結線運転中はランプ(PL1)，Δ結線運転中はランプ(PL2)がそれぞれ点灯する．Y−Δは動作運転開始後10秒で切り替わる．ボタンスイッチ(BS2)を押すと電動機は停止するものとする．

(a) シーケンス図を描きなさい． ⋯⋯⋯ のなかに図記号を， □ のなかに英数字を記入しなさい．

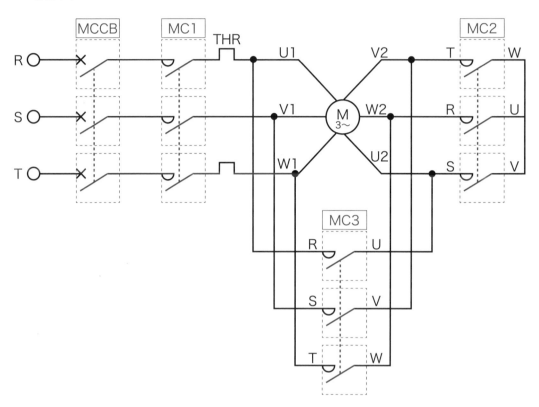

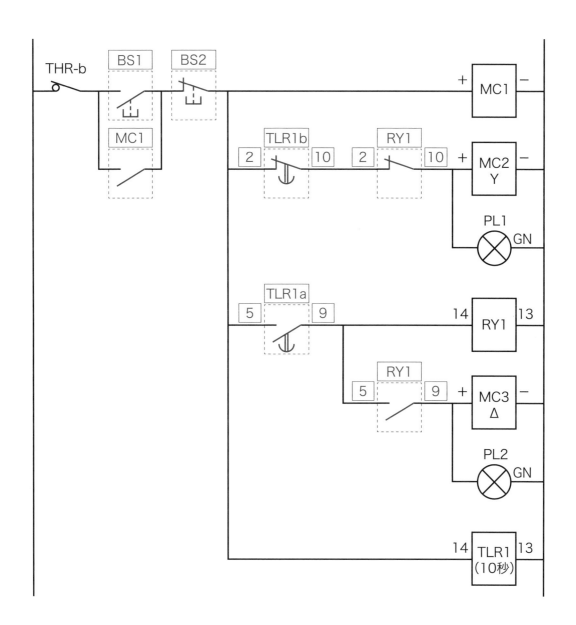

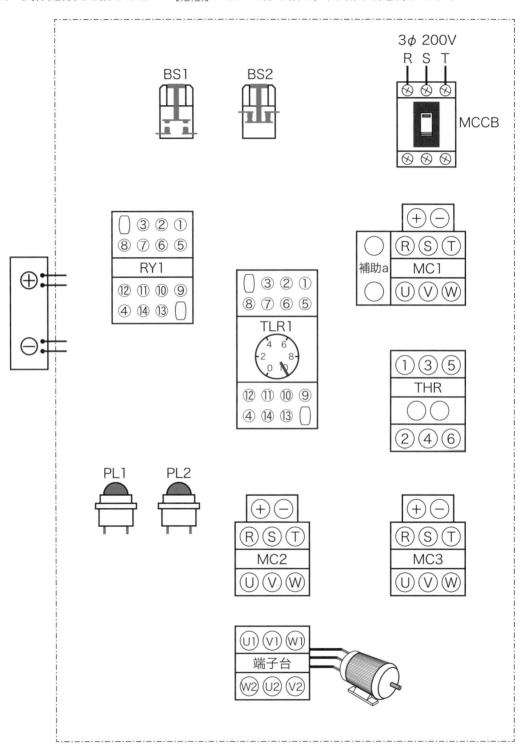

(b) 実体配線図を描きなさい．□のなかで線を結び，回路図を完成させなさい．

問題48 ボタンスイッチ（BS1）を押すと，電動機が回転する回路を作成しなさい．結線はY－Δ始動法を用いて，Y結線運転中はランプ（PL1），Δ結線運転中はランプ（PL2）がそれぞれ点灯する．Y－Δは動作運転開始後10秒で切り替わる．ボタンスイッチ（BS2）を押すと電動機は停止するものとする．

(b) 実体配線図を描きなさい．□□のなかで線を結び，回路図を完成させなさい．

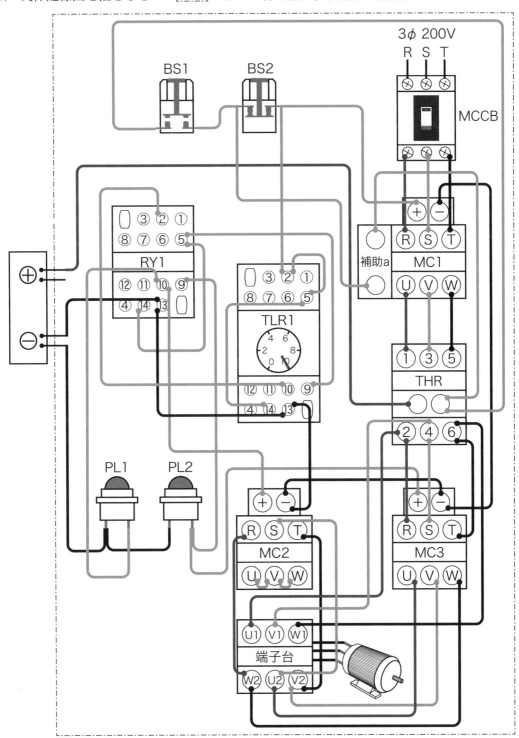

ボタンスイッチ（BS1）を押し，透過形光電スイッチ（PHOS1）の間を人が通過すると，コンベアが動く．その後，マイクロスイッチ（LS1）が押されるとコンベアが停止する．その5秒後にコンベアが反転しリードスイッチ（PROS1）が反応すると停止する．ボタンスイッチ（BS2）を押すとコンベアが停止する．このときの回路を作成しなさい．

(a) シーケンス図を描きなさい．⬚⬚⬚⬚のなかに図記号を，▭のなかに英数字を記入しなさい．

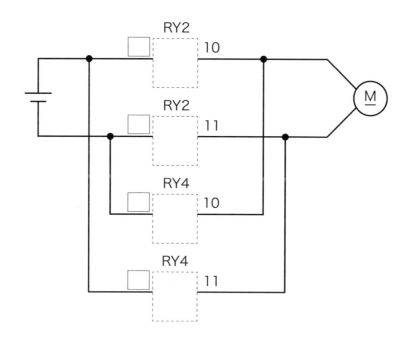

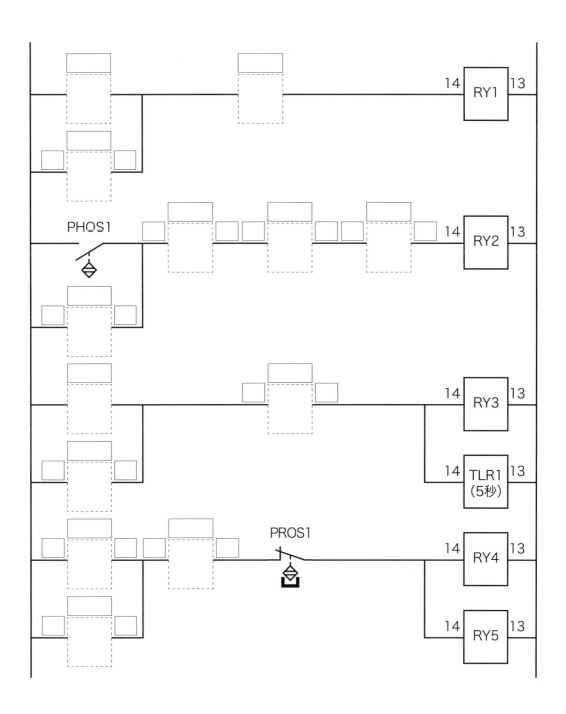

問題49 ボタンスイッチ (BS1) を押し，透過形光電スイッチ (PHOS1) の間を人が通過すると，コンベアが動く．その後，マイクロスイッチ (LS1) が押されるとコンベアが停止する．その5秒後にコンベアが反転しリードスイッチ (PROS1) が反応すると停止する．ボタンスイッチ (BS2) を押すとコンベアが停止する．このときの回路を作成しなさい．

(a) シーケンス図を描きなさい． :::::::: のなかに図記号を，□□□ のなかに英数字を記入しなさい．

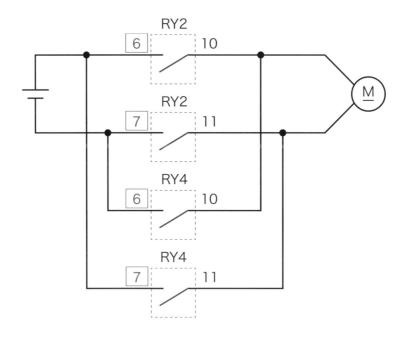

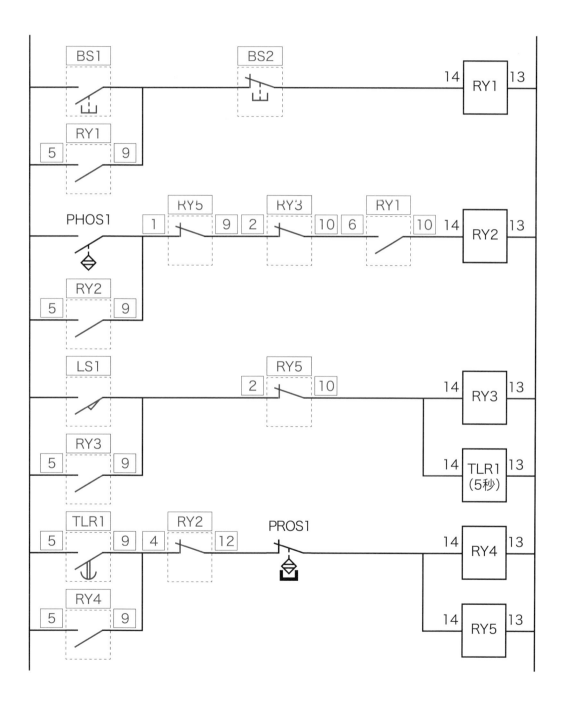

問題
49
ボタンスイッチ（BS1）を押し，透過形光電スイッチ（PHOS1）の間を人が通過すると，コンベアが動く．その後，マイクロスイッチ（LS1）が押されるとコンベアが停止する．その5秒後にコンベアが反転しリードスイッチ（PROS1）が反応すると停止する．ボタンスイッチ（BS2）を押すとコンベアが停止する．このときの回路を作成しなさい．

(b) 実体配線図を描きなさい． 　　　　 のなかで線を結び，回路図を完成させなさい．

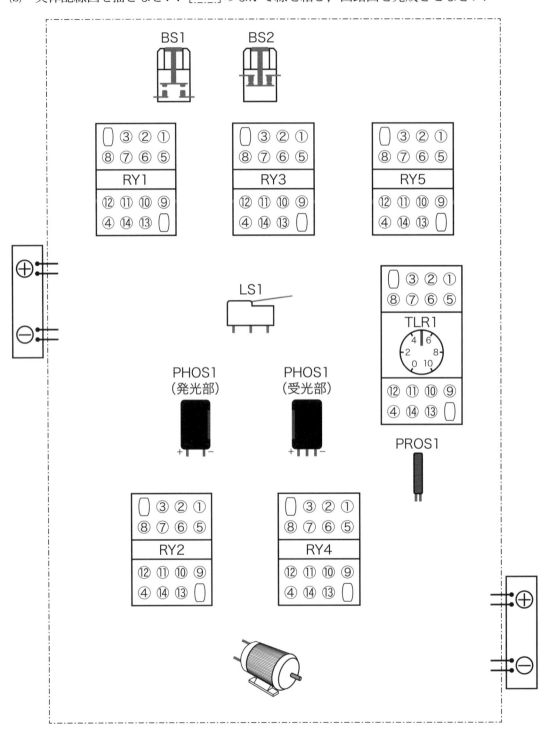

問題49 ボタンスイッチ（BS1）を押し，透過形光電スイッチ（PHOS1）の間を人が通過す
ると，コンベアが動く．その後，マイクロスイッチ（LS1）が押されるとコンベア
が停止する．その5秒後にコンベアが反転しリードスイッチ（PROS1）が反応す
ると停止する．ボタンスイッチ（BS2）を押すとコンベアが停止する．このときの
回路を作成しなさい．

(b) 実体配線図を描きなさい．┌──┐のなかで線を結び，回路図を完成させなさい．

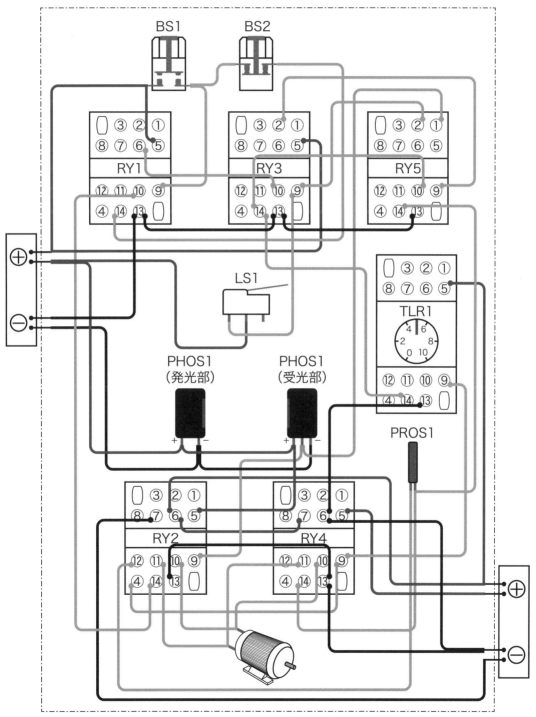

問題 50

ボタンスイッチ（BS1）を押すと，コンベアが動作し，コンベアに乗った物体がマイクロスイッチ（LS1）を押すとコンベアが停止する．物体を取り除くと2秒後にコンベアが再度動作する．タイマーはオフディレイを使用する．ボタンスイッチ（BS2）を押すとコンベアが停止する．このときの回路を作成しなさい．

(a) シーケンス図を描きなさい．┈┈のなかに図記号を，□のなかに英数字を記入しなさい．

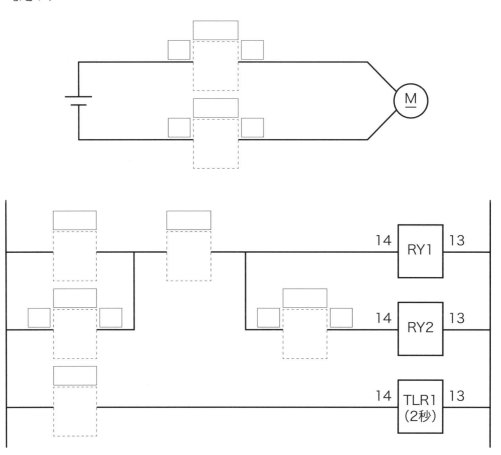

解答例

問題50 ボタンスイッチ(BS1)を押すと，コンベアが動作し，コンベアに乗った物体がマイクロスイッチ(LS1)を押すとコンベアが停止する．物体を取り除くと2秒後にコンベアが再度動作する．タイマーはオフディレイを使用する．ボタンスイッチ(BS2)を押すとコンベアが停止する．このときの回路を作成しなさい．

(a) シーケンス図を描きなさい．┈┈┈のなかに図記号を，▭のなかに英数字を記入しなさい．

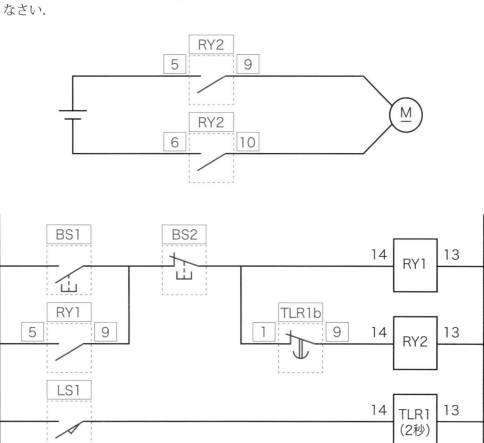

問題 50 ボタンスイッチ (BS1) を押すと，コンベアが動作し，コンベアに乗った物体がマイクロスイッチ (LS1) を押すとコンベアが停止する．物体を取り除くと 2 秒後にコンベアが再度動作する．タイマーはオフディレイを使用する．ボタンスイッチ (BS2) を押すとコンベアが停止する．このときの回路を作成しなさい．

(b) 実体配線図を描きなさい．☐☐ のなかで線を結び，回路図を完成させなさい．

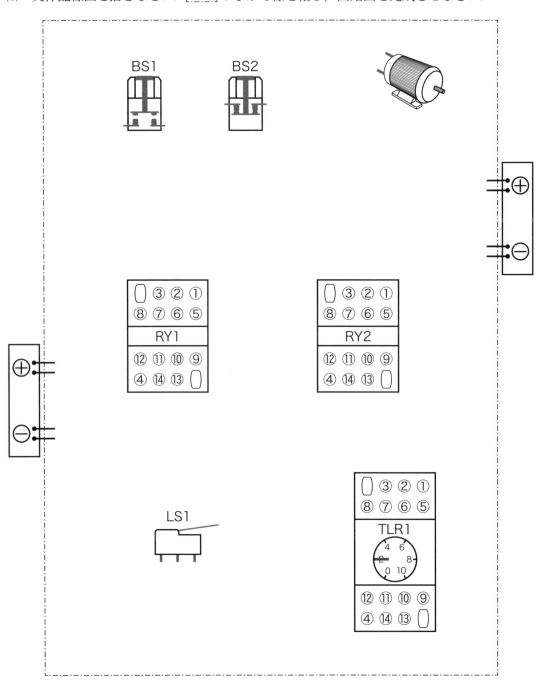

解答例

問題50 ボタンスイッチ（BS1）を押すと，コンベアが動作し，コンベアに乗った物体がマイクロスイッチ（LS1）を押すとコンベアが停止する．物体を取り除くと2秒後にコンベアが再度動作する．タイマーはオフディレイを使用する．ボタンスイッチ（BS2）を押すとコンベアが停止する．このときの回路を作成しなさい．

(b) 実体配線図を描きなさい．　のなかで線を結び，回路図を完成させなさい．

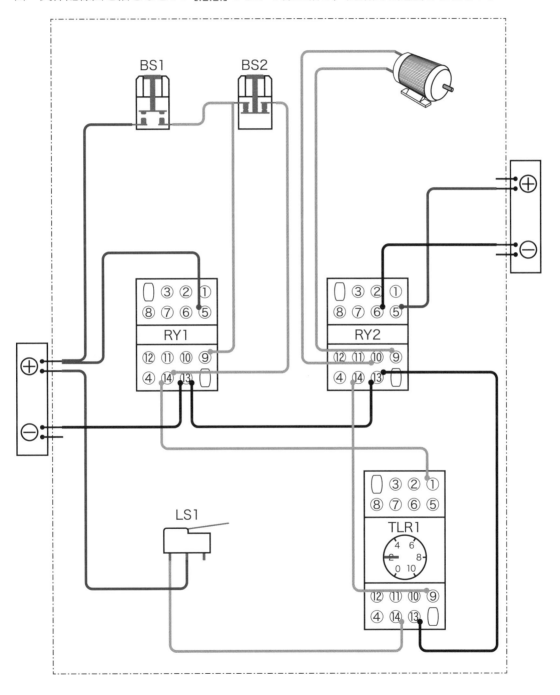

181

問題 51 ボタンスイッチ (BS1) を押すと，荷が載っているコンベアが右へ動作し，右端に設置されているマイクロスイッチ (LS1) が荷に反応すると 2 秒間停止し，その後，コンベアが左へ動作し，左端に設置されているマイクロスイッチ (LS2) が荷に反応すると 2 秒間停止する．その後，コンベアが右へ動作するサイクル動作回路を作成しなさい．ただし，コンベアの動作中はランプ (PL1) を点灯させ，ボタンスイッチ (BS2) を押すとコンベアが停止する．

(a) シーケンス図を描きなさい．┌┄┄┄┐ のなかに図記号を，┌──┐ のなかに英数字を記入しなさい．

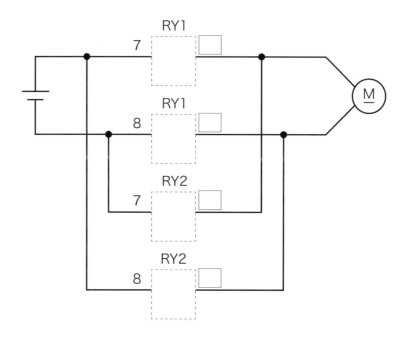

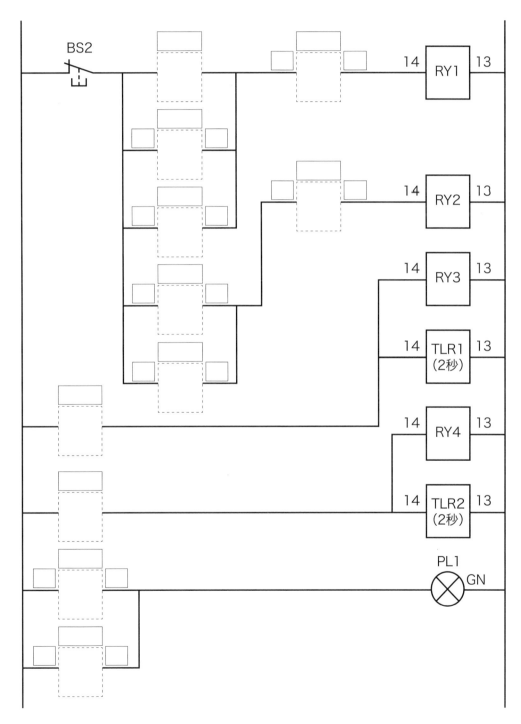

解答例

問題51 ボタンスイッチ（BS1）を押すと，荷が載っているコンベアが右へ動作し，右端に設置されているマイクロスイッチ（LS1）が荷に反応すると2秒間停止し，その後，コンベアが左へ動作し，左端に設置されているマイクロスイッチ（LS2）が荷に反応すると2秒間停止する．その後，コンベアが右へ動作するサイクル動作回路を作成しなさい．ただし，コンベアの動作中はランプ（PL1）を点灯させ，ボタンスイッチ（BS2）を押すとコンベアが停止する．

(a) シーケンス図を描きなさい． のなかに図記号を， のなかに英数字を記入しなさい．

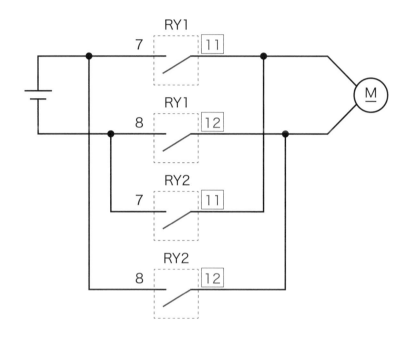

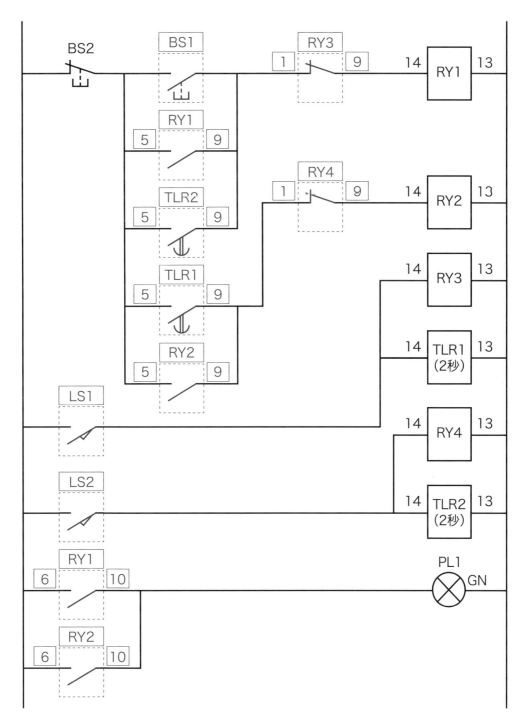

問題 51

ボタンスイッチ（BS1）を押すと，荷が載っているコンベアが右へ動作し，右端に設置されているマイクロスイッチ（LS1）が荷に反応すると2秒間停止し，その後，コンベアが左へ動作し，左端に設置されているマイクロスイッチ（LS2）が荷に反応すると2秒間停止する．その後，コンベアが右へ動作するサイクル動作回路を作成しなさい．ただし，コンベアの動作中はランプ（PL1）を点灯させ，ボタンスイッチ（BS2）を押すとコンベアが停止する．

(b) 実体配線図を描きなさい． ［___］のなかで線を結び，回路図を完成させなさい．

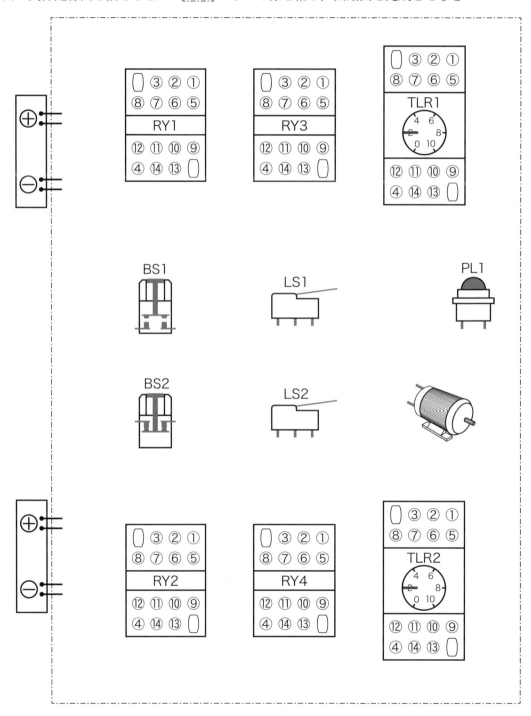

解答例

問題51 ボタンスイッチ (BS1) を押すと，荷が載っているコンベアが右へ動作し，右端に設置されているマイクロスイッチ (LS1) が荷に反応すると 2 秒間停止し，その後，コンベアが左へ動作し，左端に設置されているマイクロスイッチ (LS2) が荷に反応すると 2 秒間停止する．その後，コンベアが右へ動作するサイクル動作回路を作成しなさい．ただし，コンベアの動作中はランプ (PL1) を点灯させ，ボタンスイッチ (BS2) を押すとコンベアが停止する．

(b) 実体配線図を描きなさい． ▭のなかで線を結び，回路図を完成させなさい．

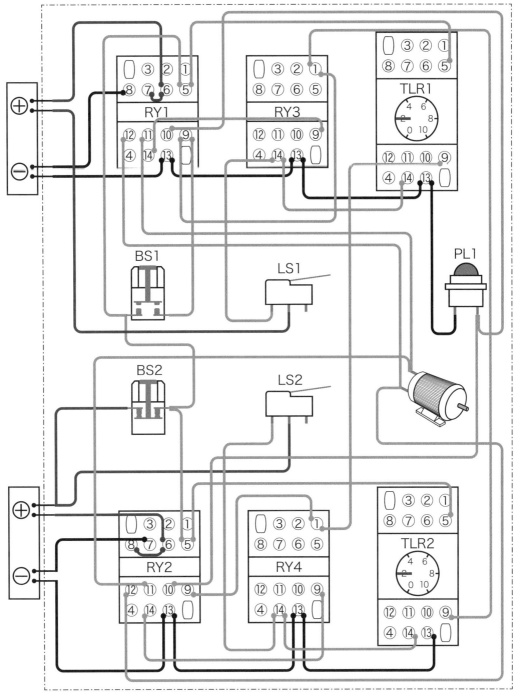

187

問題 52
警報装置を模擬した回路を作成しなさい．ボタンスイッチ (BS1) を押すと警報装置が動作し，透過形光電スイッチ (PHOS1)，リードスイッチ (PROS1)，マイクロスイッチ (LS1) のいずれかが ON となったとき，ブザーが鳴り続け，ランプ (PL1) が 1 秒ごとに点滅する回路を作成しなさい．ただし，ボタンスイッチ (BS2) で解除される．

(a) シーケンス図を描きなさい． ┈┈ のなかに図記号を， ▭ のなかに英数字を記入しなさい．

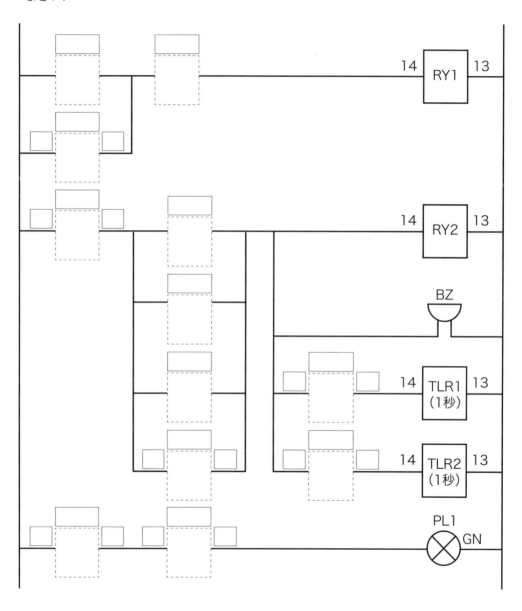

188

解答例

問題52 警報装置を模擬した回路を作成しなさい．ボタンスイッチ（BS1）を押すと警報装置が動作し，透過形光電スイッチ（PHOS1），リードスイッチ（PROS1），マイクロスイッチ（LS1）のいずれかが ON となったとき，ブザーが鳴り続け，ランプ（PL1）が 1 秒ごとに点滅する回路を作成しなさい．ただし，ボタンスイッチ（BS2）で解除される．

(a) シーケンス図を描きなさい．⬚ のなかに図記号を，▭ のなかに英数字を記入しなさい．

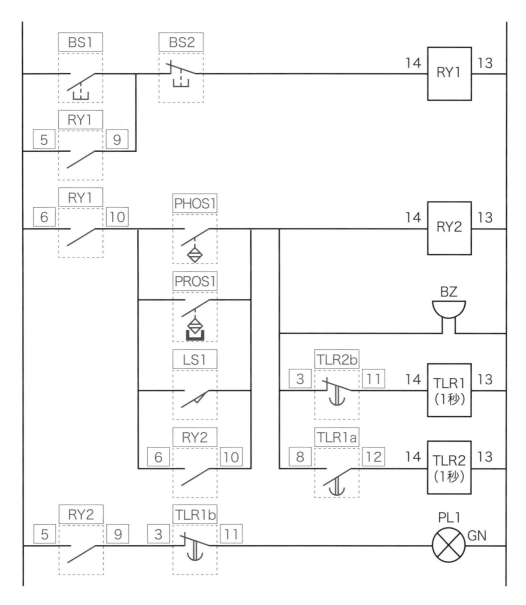

警報装置を模擬した回路を作成しなさい．ボタンスイッチ (BS1) を押すと警報装置が動作し，透過形光電スイッチ (PHOS1)，リードスイッチ (PROS1)，マイクロスイッチ (LS1) のいずれかが ON となったとき，ブザーが鳴り続け，ランプ (PL1) が 1 秒ごとに点滅する回路を作成しなさい．ただし，ボタンスイッチ (BS2) で解除される．

(b) 実体配線図を描きなさい．[ ]のなかで線を結び，回路図を完成させなさい．

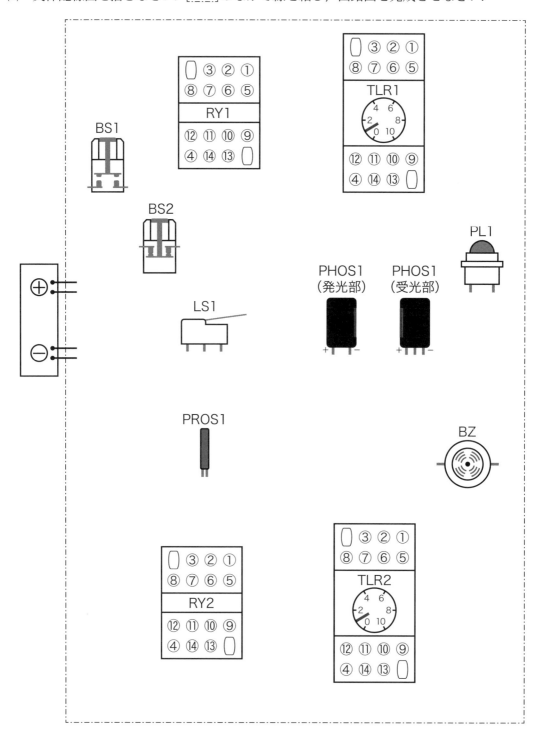

解答例

問題52 警報装置を模擬した回路を作成しなさい．ボタンスイッチ（BS1）を押すと警報装置が動作し，透過形光電スイッチ（PHOS1），リードスイッチ（PROS1），マイクロスイッチ（LS1）のいずれかが ON となったとき，ブザーが鳴り続け，ランプ（PL1）が1秒ごとに点滅する回路を作成しなさい．ただし，ボタンスイッチ（BS2）で解除される．

(b) 実体配線図を描きなさい． の のなかで線を結び，回路図を完成させなさい．

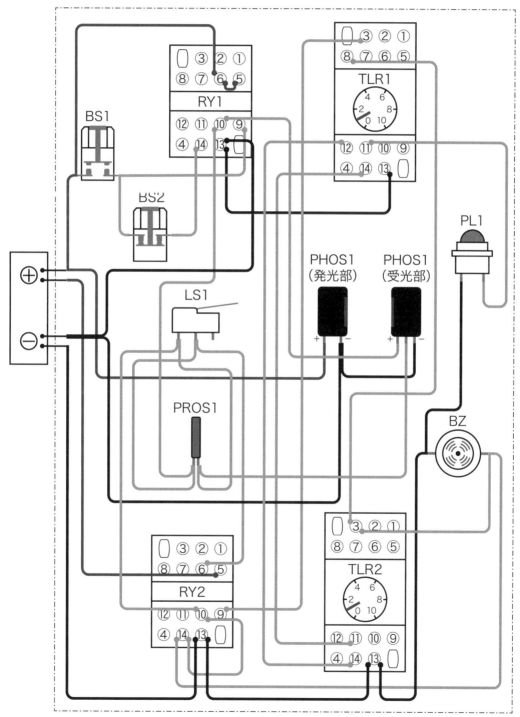

問題 **53** ボタンスイッチ(BS1)を押すと，2台のモータが10秒ずつ交互に運転する回路を作成しなさい．ただし，ボタンスイッチ(BS2)を押すと解除されるものとする．

(a) シーケンス図を描きなさい．┌┈┈┈┐のなかに図記号を，┌───┐のなかに英数字を記入しなさい．

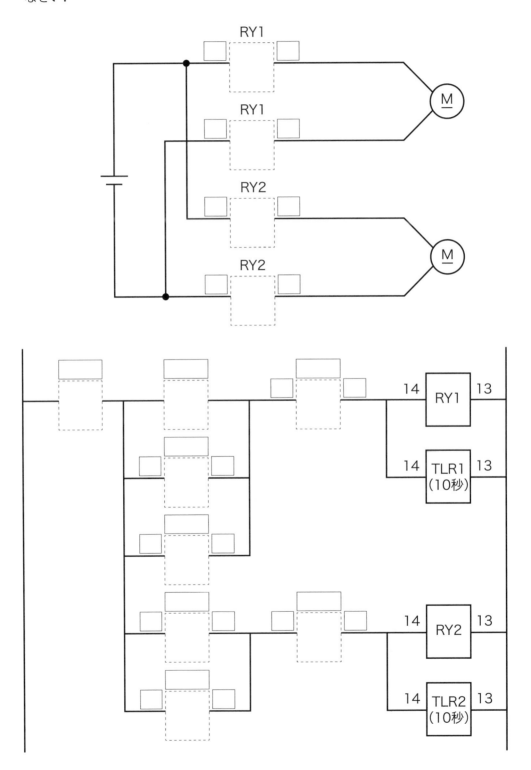

192

解答例

問題53 ボタンスイッチ (BS1) を押すと，2台のモータが10秒ずつ交互に運転する回路を作成しなさい．ただし，ボタンスイッチ (BS2) を押すと解除されるものとする．

(a) シーケンス図を描きなさい．[∶∶∶∶]のなかに図記号を，[____]のなかに英数字を記入しなさい．

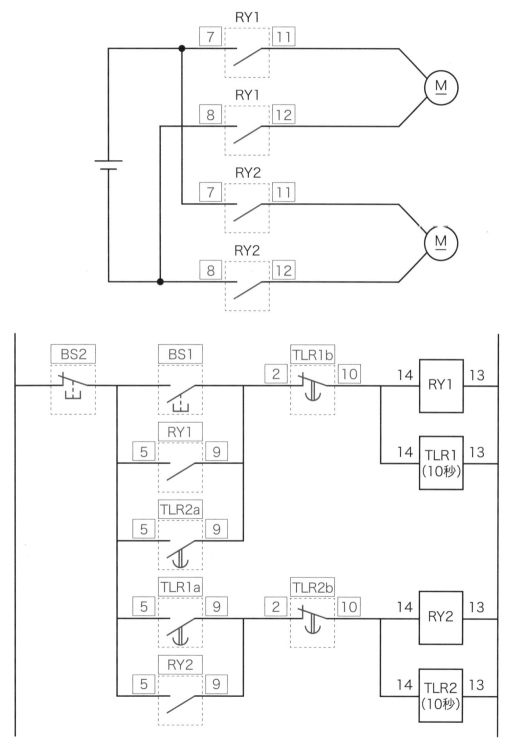

問題 53

ボタンスイッチ (BS1) を押すと，2台のモータが 10 秒ずつ交互に運転する回路を作成しなさい．ただし，ボタンスイッチ (BS2) を押すと解除されるものとする．

(b) 実体配線図を描きなさい．□□のなかで線を結び，回路図を完成させなさい．

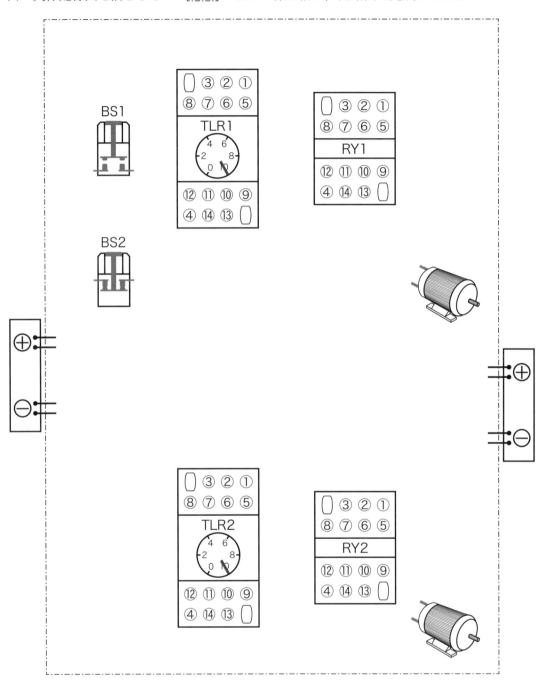

解答例

問題53 ボタンスイッチ（BS1）を押すと，2台のモータが10秒ずつ交互に運転する回路
を作成しなさい．ただし，ボタンスイッチ（BS2）を押すと解除されるものとする．

(b) 実体配線図を描きなさい． のなかで線を結び，回路図を完成させなさい．

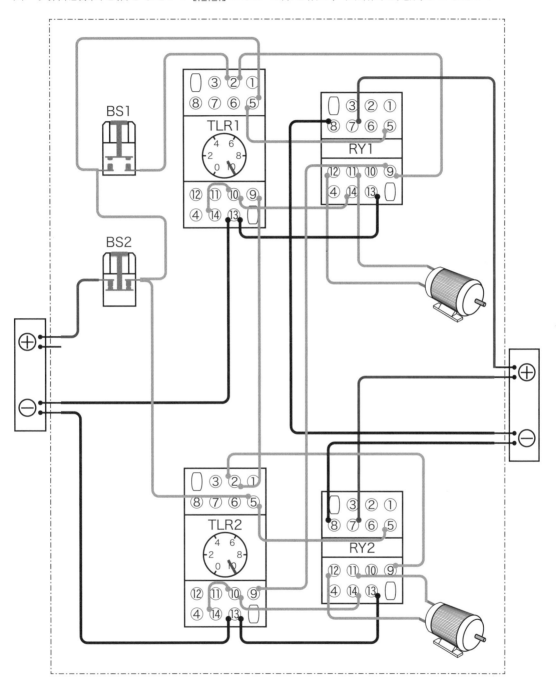

近接センサ (PROS1) が反応後，ボタンスイッチ (BS1) を押すと 2 秒間ランプ (PL1) が点灯かつコンベアが駆動する回路を作成しなさい．ボタンスイッチ (BS2) を押すとコンベアが停止する．

(a) シーケンス図を描きなさい． ┈のなかに図記号を，▭のなかに英数字を記入しなさい．

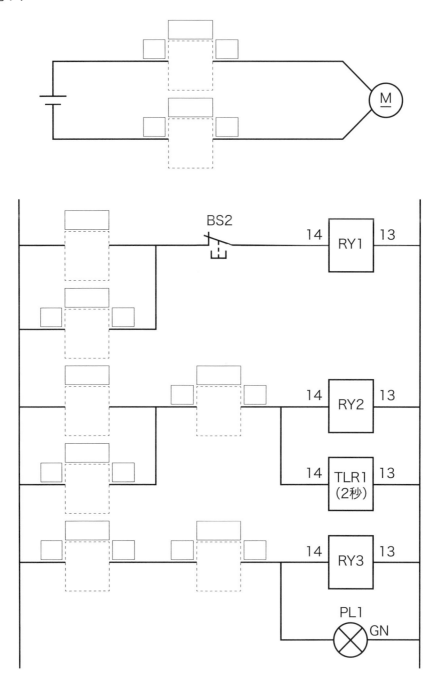

問題54 近接センサ（PROS1）が反応後，ボタンスイッチ（BS1）を押すと2秒間ランプ（PL1）が点灯かつコンベアが駆動する回路を作成しなさい．ボタンスイッチ（BS2）を押すとコンベアが停止する．

(a) シーケンス図を描きなさい． ┊┊┊┊┊のなかに図記号を， ☐☐☐☐のなかに英数字を記入しなさい．

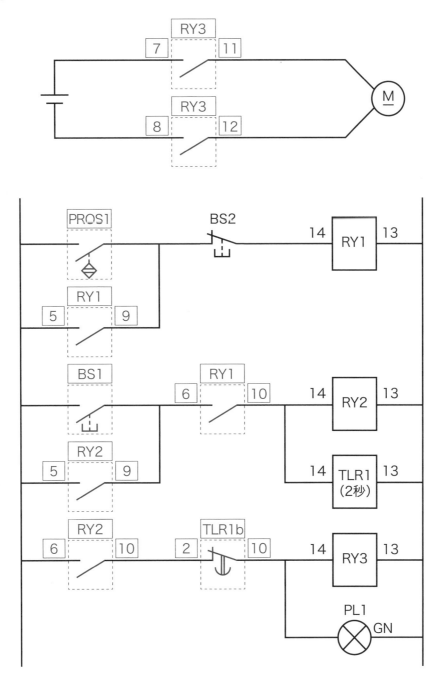

197

問題 54 近接センサ (PROS1) が反応後, ボタンスイッチ (BS1) を押すと２秒間ランプ (PL1) が点灯かつコンベアが駆動する回路を作成しなさい. ボタンスイッチ (BS2) を押すとコンベアが停止する.

(b) 実体配線図を描きなさい. ⌐⌐⌐ のなかで線を結び, 回路図を完成させなさい.

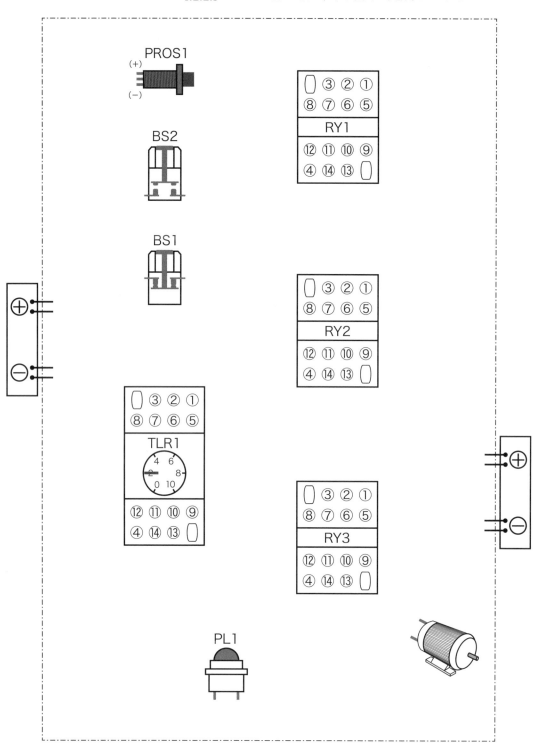

解答例

問題54 近接センサ (PROS1) が反応後，ボタンスイッチ (BS1) を押すと 2 秒間ランプ (PL1) が点灯かつコンベアが駆動する回路を作成しなさい．ボタンスイッチ (BS2) を押すとコンベアが停止する．

(b) 実体配線図を描きなさい．[___]のなかで線を結び，回路図を完成させなさい．

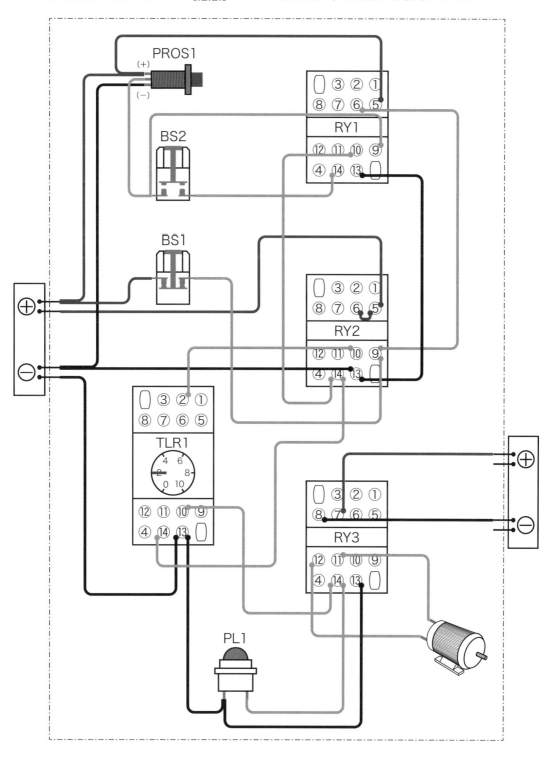

199

問題 55

ボタンスイッチ(BS1)を押すとコンベアが動作し，近接センサ(PROS1)で検出できる磁性体と検出できない非磁性体がランダムにコンベアで運ばれている．磁性体と非磁性体ともに透過形光電センサ(PHOS1)で検出することができるとき，磁性体と非磁性体が10個または磁性体が3個検出された場合にコンベアが止まる回路を作成しなさい．ボタンスイッチ(BS2)を押すとコンベアが停止しボタンスイッチ(BS3)を押すとカウンタリセットする．

(a) シーケンス図を描きなさい．┆┄┄┆のなかに図記号を，▭のなかに英数字を記入しなさい．

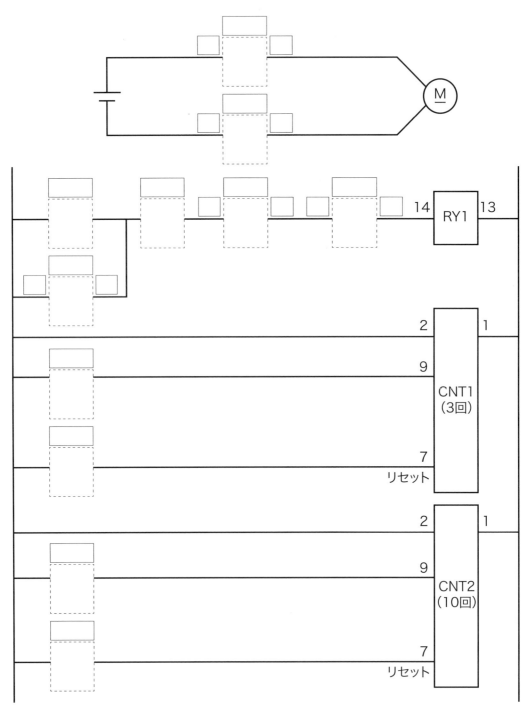

200

解答例

問題55 ボタンスイッチ (BS1) を押すとコンベアが動作し，近接センサ (PROS1) で検出できる磁性体と検出できない非磁性体がランダムにコンベアで運ばれている．磁性体と非磁性体ともに透過形光電センサ (PHOS1) で検出することができるとき，磁性体と非磁性体が10個または磁性体が3個検出された場合にコンベアが止まる回路を作成しなさい．ボタンスイッチ (BS2) を押すとコンベアが停止しボタンスイッチ (BS3) を押すとカウンタリセットする．

(a) シーケンス図を描きなさい．□□□のなかに図記号を，□□のなかに英数字を記入しなさい．

201

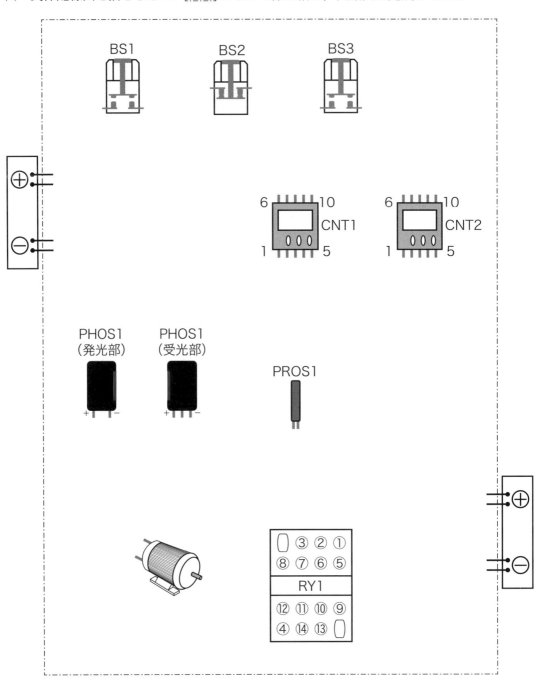

問題55

ボタンスイッチ（BS1）を押すとコンベアが動作し，近接センサ（PROS1）で検出できる磁性体と検出できない非磁性体がランダムにコンベアで運ばれている．磁性体と非磁性体ともに透過形光電センサ（PHOS1）で検出することができるとき，磁性体と非磁性体が10個または磁性体が3個検出された場合にコンベアが止まる回路を作成しなさい．ボタンスイッチ（BS2）を押すとコンベアが停止しボタンスイッチ（BS3）を押すとカウンタリセットする．

(b) 実体配線図を描きなさい． のなかで線を結び，回路図を完成させなさい．

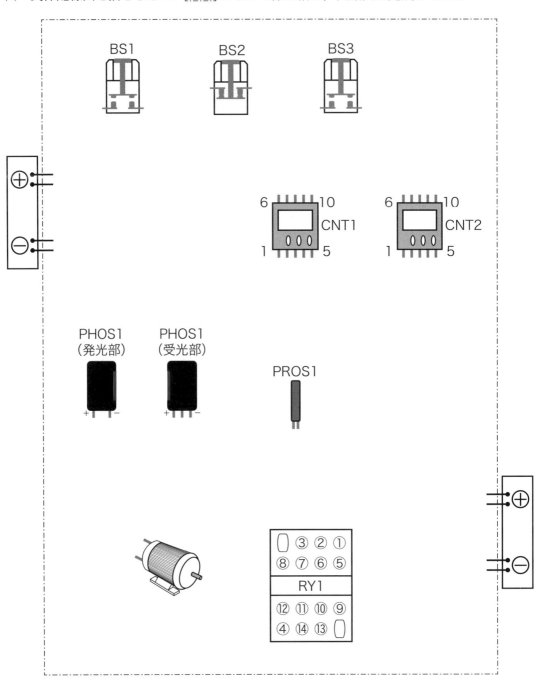

202

解答例

問題55 ボタンスイッチ (BS1) を押すとコンベアが動作し，近接センサ (PROS1) で検出できる磁性体と検出できない非磁性体がランダムにコンベアで運ばれている．磁性体と非磁性体ともに透過形光電センサ (PHOS1) で検出することができるとき，磁性体と非磁性体が10個または磁性体が3個検出された場合にコンベアが止まる回路を作成しなさい．ボタンスイッチ (BS2) を押すとコンベアが停止しボタンスイッチ (BS3) を押すとカウンタリセットする．

(b)　実体配線図を描きなさい． □□ のなかで線を結び，回路図を完成させなさい．

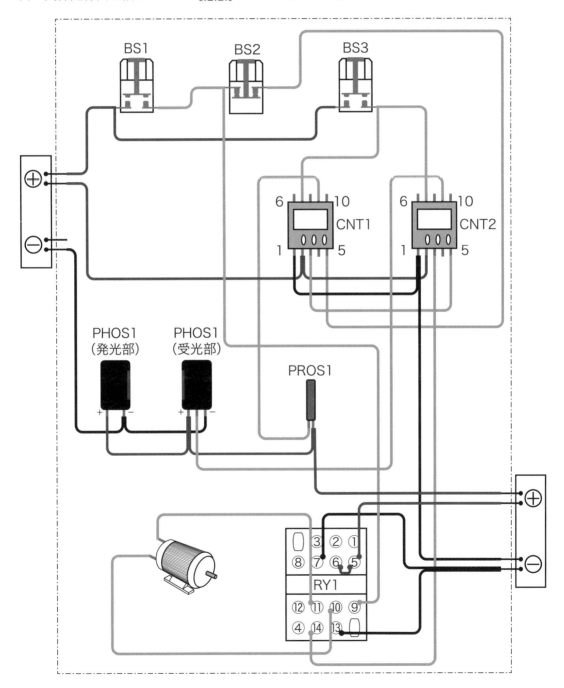

203

ボタンスイッチ（BS1）を押すと，モータが2秒間正転した後停止する．ボタンスイッチ（BS2）を押した5秒後にモータが2秒間逆転した後，停止する回路を作成しなさい．ボタンスイッチ（BS3）を押すとコンベアが停止し，インターロック回路とする．

(a) シーケンス図を描きなさい．⬚のなかに図記号を，▭のなかに英数字を記入しなさい．

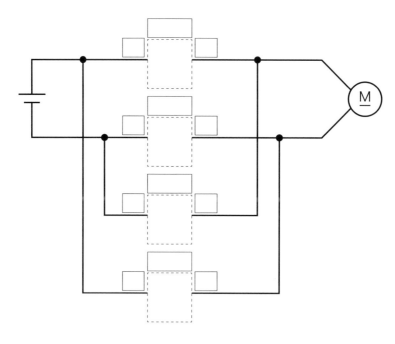

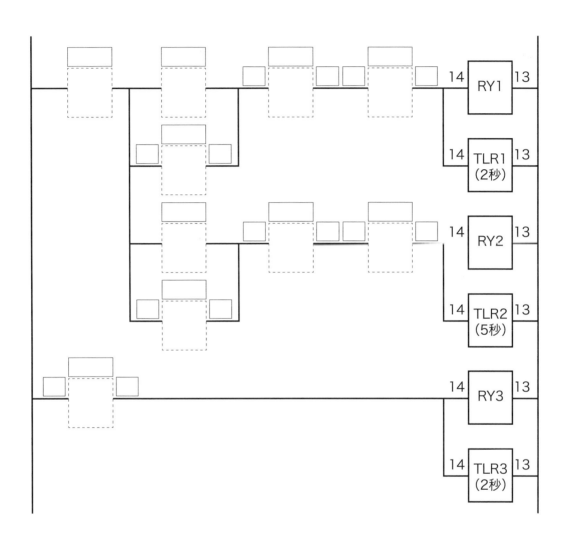

解答例

問題56 ボタンスイッチ (BS1) を押すと，モータが 2 秒間正転した後停止する．ボタンスイッチ (BS2) を押した 5 秒後にモータが 2 秒間逆転した後，停止する回路を作成しなさい．ボタンスイッチ (BS3) を押すとコンベアが停止し，インターロック回路とする．

(a) シーケンス図を描きなさい． [⋯] のなかに図記号を，[　] のなかに英数字を記入しなさい．

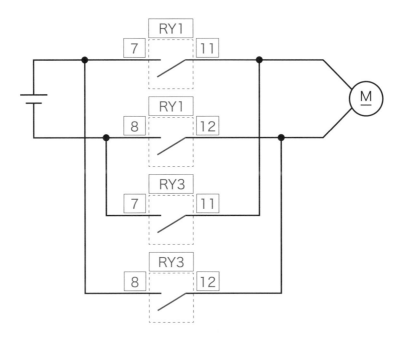

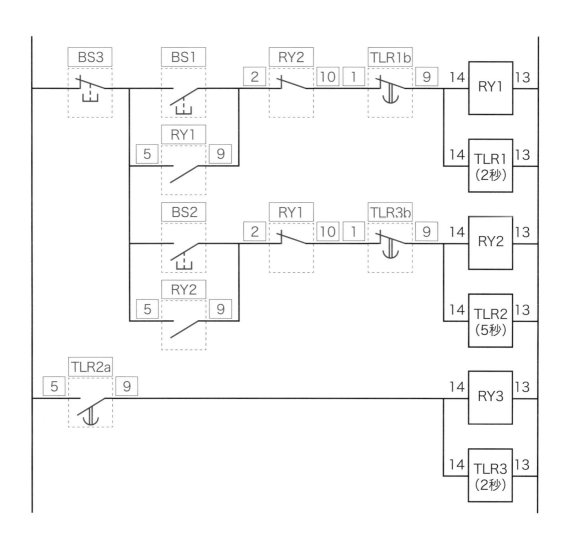

問題 56

ボタンスイッチ (BS1) を押すと，モータが 2 秒間正転した後停止する．ボタンスイッチ (BS2) を押した 5 秒後にモータが 2 秒間逆転した後，停止する回路を作成しなさい．ボタンスイッチ (BS3) を押すとコンベアが停止し，インターロック回路とする．

(b) 実体配線図を描きなさい．□のなかで線を結び，回路図を完成させなさい．

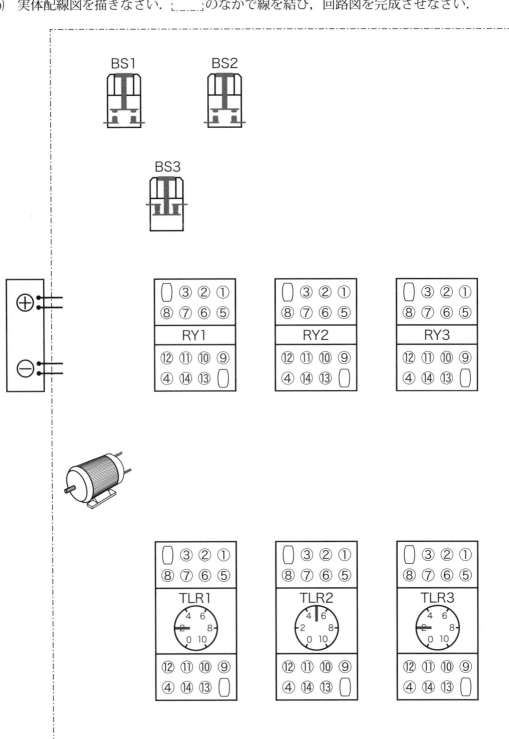

問題56 ボタンスイッチ(BS1)を押すと，モータが2秒間正転した後停止する．ボタンスイッチ(BS2)を押した5秒後にモータが2秒間逆転した後，停止する回路を作成しなさい．ボタンスイッチ(BS3)を押すとコンベアが停止し，インターロック回路とする．

(b) 実体配線図を描きなさい． ［_____］のなかで線を結び，回路図を完成させなさい．

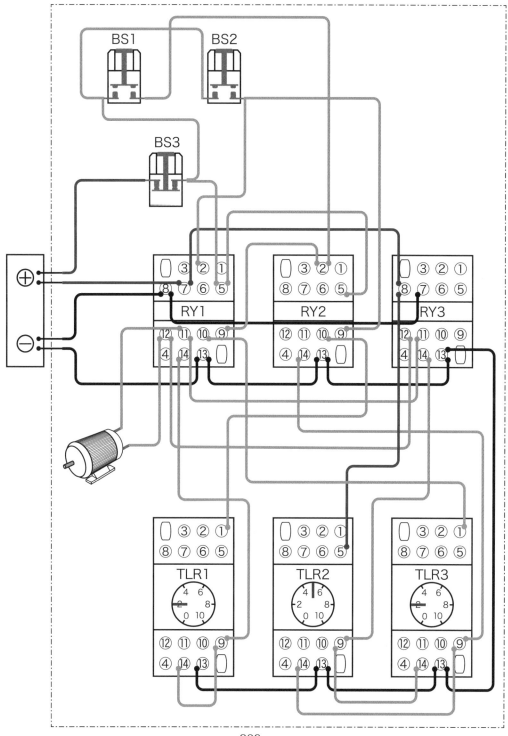

問題 57 ボタンスイッチ(BS1)を押すとランプ(PL1)が点灯し，2秒後にコンベアが動作する．その後，近接センサ(PROS1)が反応するとコンベアが停止し，その3秒後にランプ(PL1)が停止する回路を作成しなさい．ボタンスイッチ(BS2)を押すとコンベアが停止する．

(a) シーケンス図を描きなさい． ┈┈┈┈ のなかに図記号を，□□ のなかに英数字を記入しなさい．

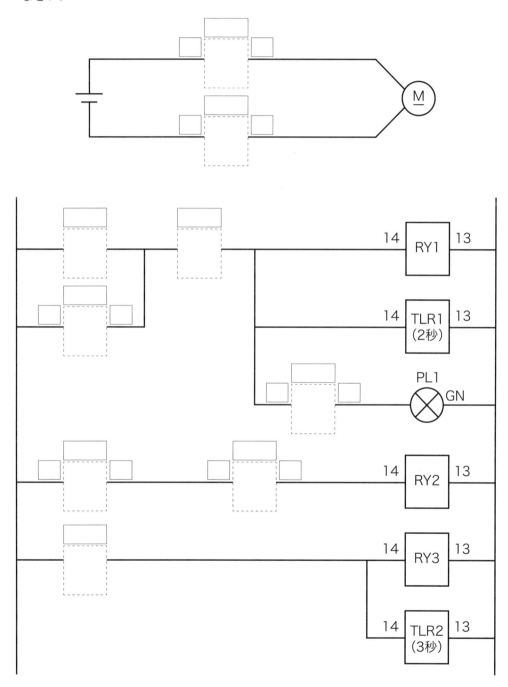

解答例

問題57 ボタンスイッチ(BS1)を押すとランプ(PL1)が点灯し，2秒後にコンベアが動作する．その後，近接センサ(PROS1)が反応するとコンベアが停止し，その3秒後にランプ(PL1)が停止する回路を作成しなさい．ボタンスイッチ(BS2)を押すとコンベアが停止する．

(a) シーケンス図を描きなさい． ┊╌╌╌┊のなかに図記号を， □□□のなかに英数字を記入しなさい．

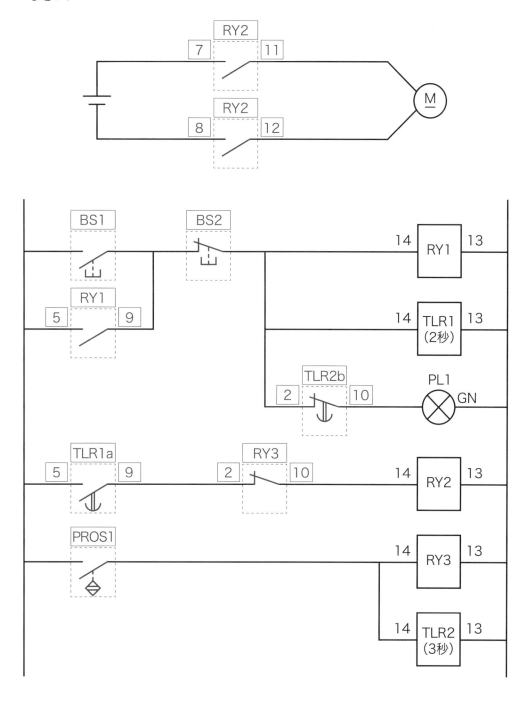

ボタンスイッチ (BS1) を押すとランプ (PL1) が点灯し，2 秒後にコンベアが動作する．その後，近接センサ (PROS1) が反応するとコンベアが停止し，その 3 秒後にランプ (PL1) が停止する回路を作成しなさい．ボタンスイッチ (BS2) を押すとコンベアが停止する．

(b) 実体配線図を描きなさい．[_____]のなかで線を結び，回路図を完成させなさい．

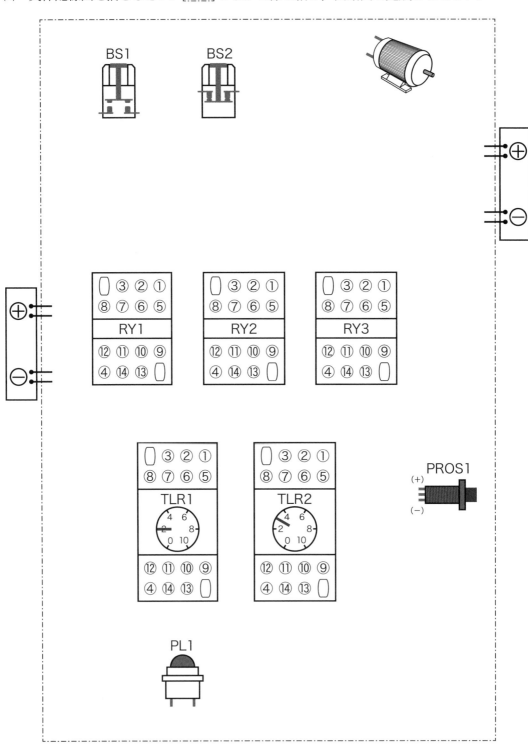

問題57 ボタンスイッチ(BS1)を押すとランプ(PL1)が点灯し，2秒後にコンベアが動作する．その後，近接センサ(PROS1)が反応するとコンベアが停止し，その3秒後にランプ(PL1)が停止する回路を作成しなさい．ボタンスイッチ(BS2)を押すとコンベアが停止する．

(b) 実体配線図を描きなさい． のなかで線を結び，回路図を完成させなさい．

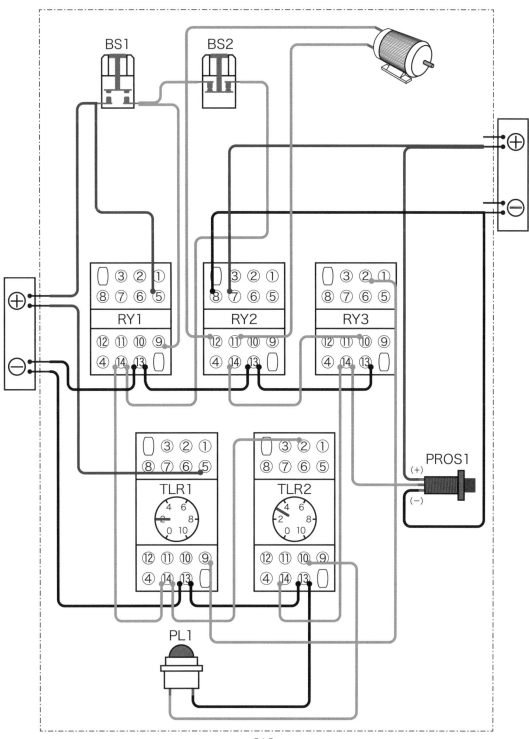

問題 **58** ボタンスイッチ(BS1)を押すとランプ(PL1)が5秒間点灯，その後1秒間隔で10秒間点滅した後，消灯する回路を作成しなさい．ボタンスイッチ(BS3)を押すとカウンタリセットされる．

(a) シーケンス図を描きなさい． ⬚ のなかに図記号を， ☐ のなかに英数字を記入しなさい．

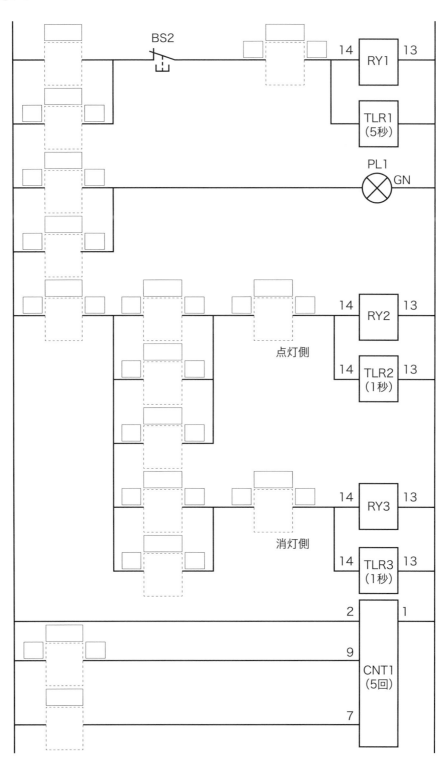

214

解答例

問題58 ボタンスイッチ(BS1)を押すとランプ(PL1)が5秒間点灯,その後1秒間隔で10秒間点滅した後,消灯する回路を作成しなさい.ボタンスイッチ(BS3)を押すとカウンタリセットされる.

(a) シーケンス図を描きなさい. のなかに図記号を, のなかに英数字を記入しなさい.

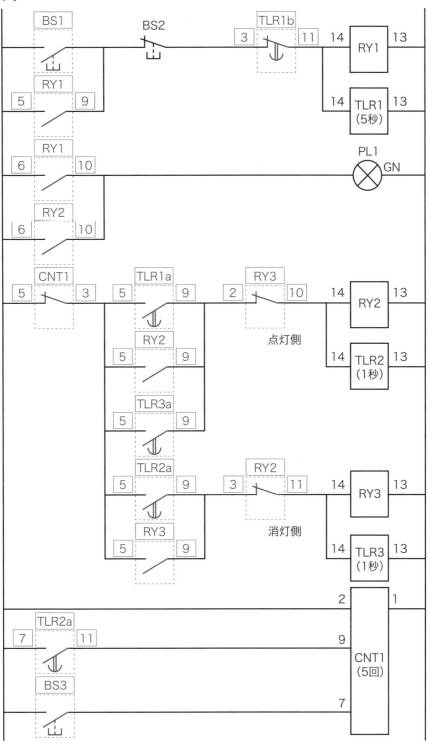

問題 58

ボタンスイッチ (BS1) を押すとランプ (PL1) が 5 秒間点灯，その後 1 秒間隔で 10 秒間点滅した後，消灯する回路を作成しなさい．ボタンスイッチ (BS3) を押すとカウンタリセットされる．

(b) 実体配線図を描きなさい． □□□ のなかで線を結び，回路図を完成させなさい．

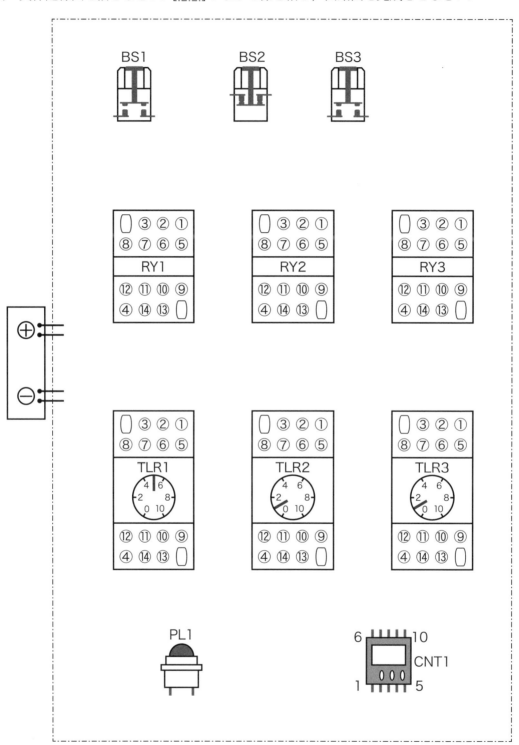

216

解答例

問題58 ボタンスイッチ（BS1）を押すとランプ（PL1）が5秒間点灯，その後1秒間隔で10秒間点滅した後，消灯する回路を作成しなさい．ボタンスイッチ（BS3）を押すとカウンタリセットされる．

(b) 実体配線図を描きなさい．[::::::]のなかで線を結び，回路図を完成させなさい．

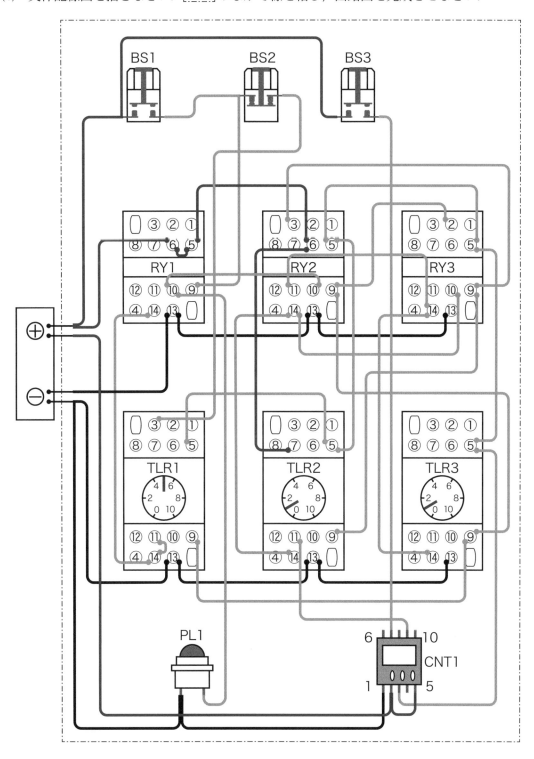

217

問題 59 ボタンスイッチ（BS1）を押すと，コンベアが動作しリードスイッチ（PROS1）が反応するとコンベアが停止しランプ（PL1）が5秒間点灯後に消灯しランプ（PL2）が2秒間点灯した後，消灯しブザーが3秒間鳴る回路を作成しなさい．

(a) シーケンス図を描きなさい．┊┄┄┄┊のなかに図記号を，┌──┐のなかに英数字を記入しなさい．

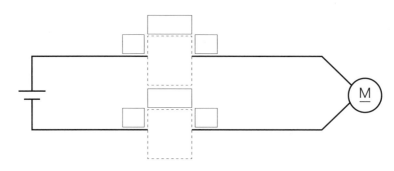

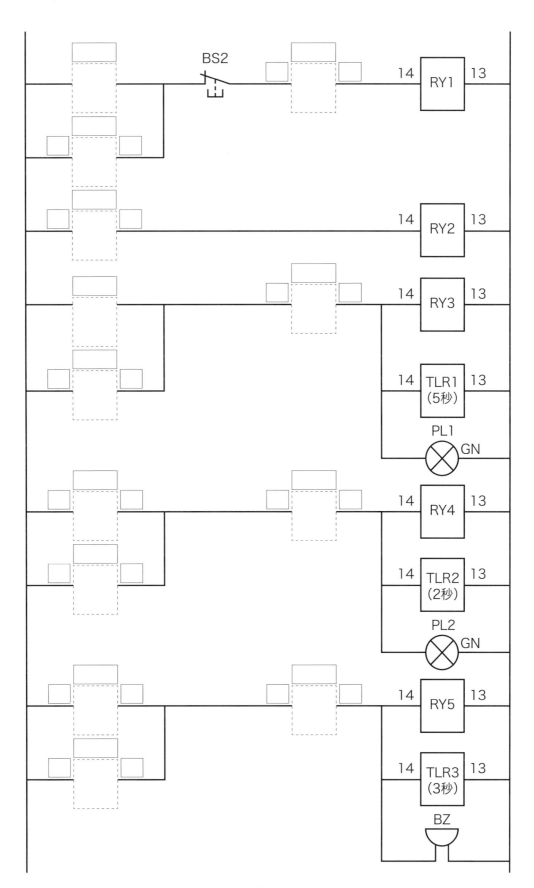

解答例

問題59 ボタンスイッチ（BS1）を押すと，コンベアが動作しリードスイッチ（PROS1）が反応するとコンベアが停止しランプ（PL1）が5秒間点灯後に消灯しランプ（PL2）が2秒間点灯した後，消灯しブザーが3秒間鳴る回路を作成しなさい．

(a) シーケンス図を描きなさい．┊┄┄┄┊のなかに図記号を，☐☐☐のなかに英数字を記入しなさい．

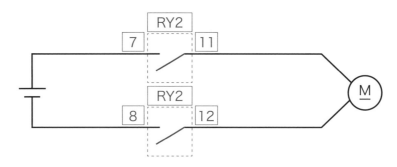

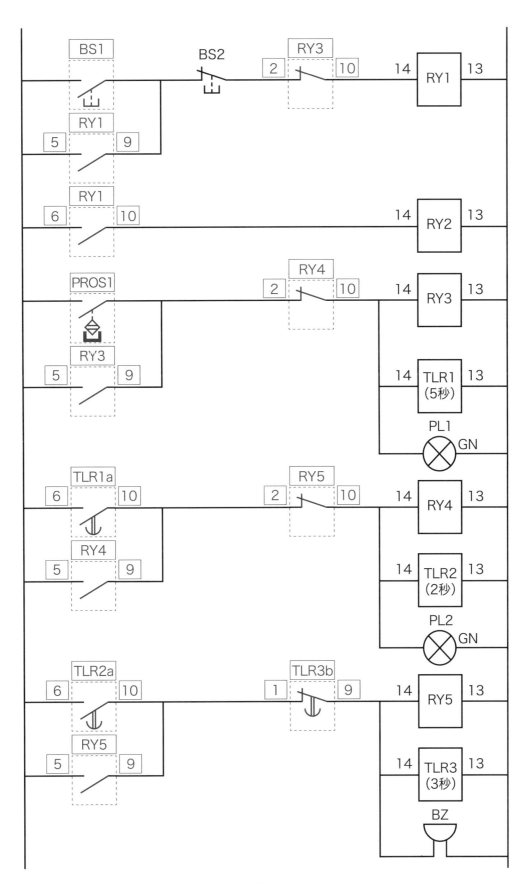

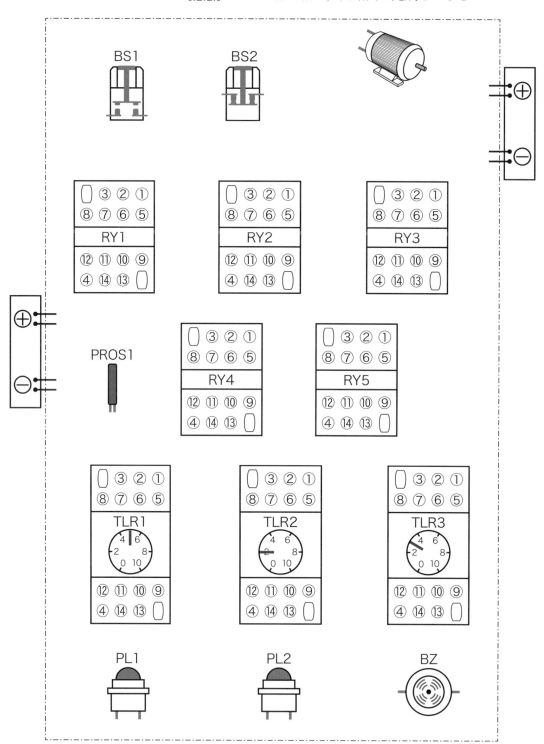

ボタンスイッチ（BS1）を押すと，コンベアが動作しリードスイッチ（PROS1）が反応するとコンベアが停止しランプ（PL1）が5秒間点灯後に消灯しランプ（PL2）が2秒間点灯した後，消灯しブザーが3秒間鳴る回路を作成しなさい．

(b) 実体配線図を描きなさい． のなかで線を結び，回路図を完成させなさい．

解答例

問題59 ボタンスイッチ（BS1）を押すと，コンベアが動作しリードスイッチ（PROS1）が
反応するとコンベアが停止しランプ（PL1）が5秒間点灯後に消灯しランプ（PL2）
が2秒間点灯した後，消灯しブザーが3秒間鳴る回路を作成しなさい．

(b) 実体配線図を描きなさい．⌐¯¯¯⌐のなかで線を結び，回路図を完成させなさい．

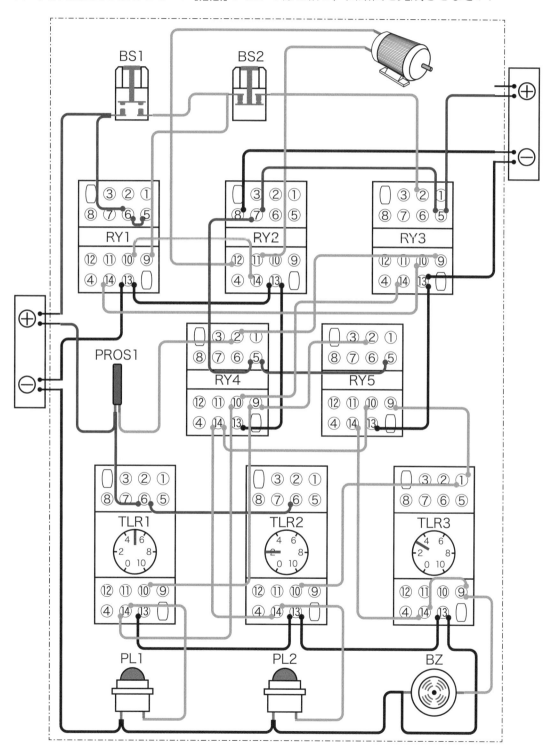

問題 60 ボタンスイッチ (BS1) を押すと，モータが回転し，コンベア上の物体が移動する．マイクロスイッチ (LS1) が物体に反応すると，2秒間停止後，もう一つのモータが回転しコンベア上の物体が移動する．マイクロスイッチ (LS2) が物体に反応すると停止しランプ (PL1) が点灯する回路を作成しなさい．

(a) シーケンス図を描きなさい．┄┄┄のなかに図記号を，▢のなかに英数字を記入しなさい．

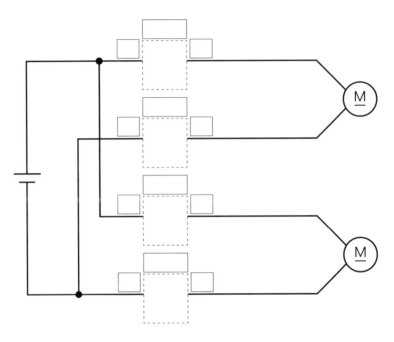

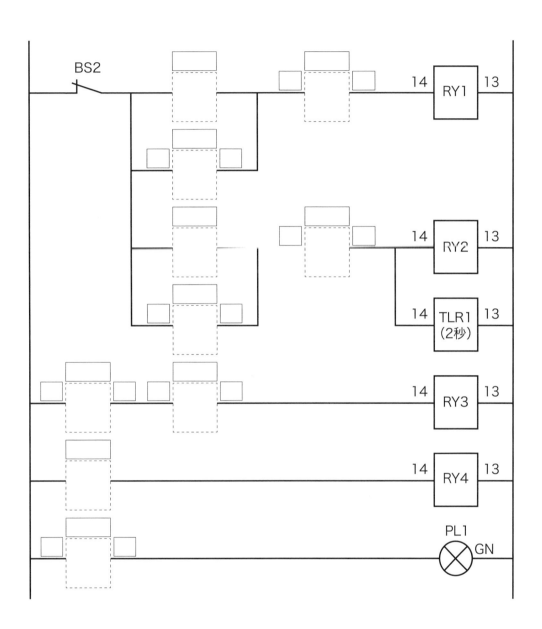

解答例

問題60 ボタンスイッチ（BS1）を押すと，モータが回転し，コンベア上の物体が移動する．マイクロスイッチ（LS1）が物体に反応すると，2秒間停止後，もう一つのモータが回転しコンベア上の物体が移動する．マイクロスイッチ（LS2）が物体に反応すると停止しランプ（PL1）が点灯する回路を作成しなさい．

(a) シーケンス図を描きなさい． ┈┈ のなかに図記号を， ──── のなかに英数字を記入しなさい．

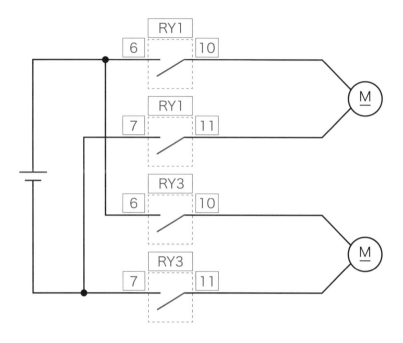

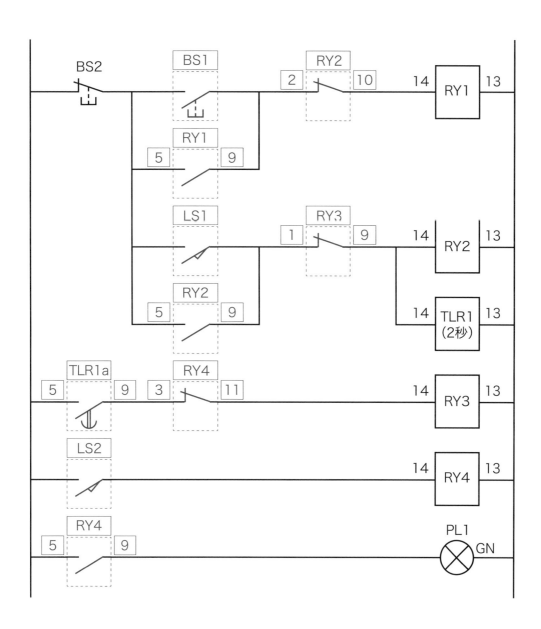

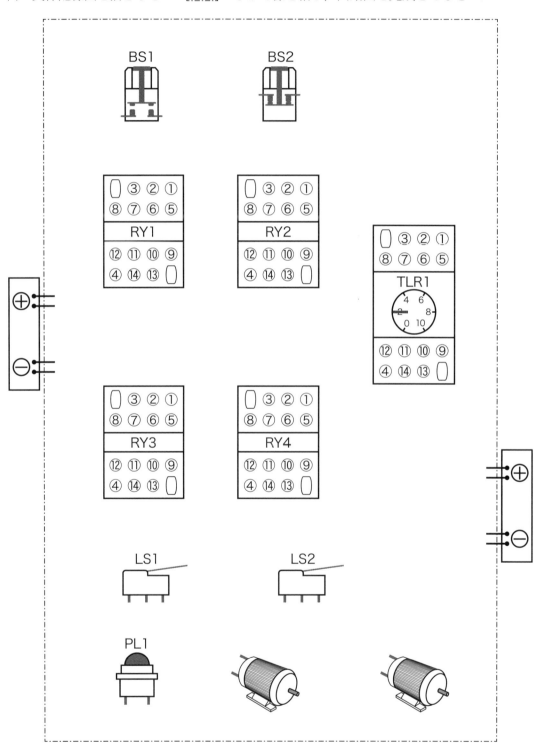

問題 60

ボタンスイッチ (BS1) を押すと，モータが回転し，コンベア上の物体が移動する．マイクロスイッチ (LS1) が物体に反応すると，2秒間停止後，もう一つのモータが回転しコンベア上の物体が移動する．マイクロスイッチ (LS2) が物体に反応すると停止しランプ (PL1) が点灯する回路を作成しなさい．

(b) 実体配線図を描きなさい．╌╌╌╌のなかで線を結び，回路図を完成させなさい．

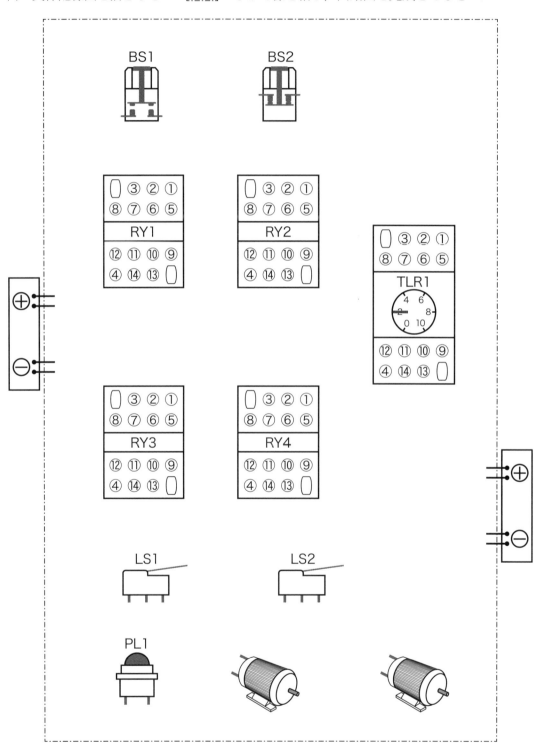

解答例

問題60 ボタンスイッチ(BS1)を押すと，モータが回転し，コンベア上の物体が移動する．マイクロスイッチ(LS1)が物体に反応すると，2秒間停止後，もう一つのモータが回転しコンベア上の物体が移動する．マイクロスイッチ(LS2)が物体に反応すると停止しランプ(PL1)が点灯する回路を作成しなさい．

(b) 実体配線図を描きなさい． □□□ のなかで線を結び，回路図を完成させなさい．

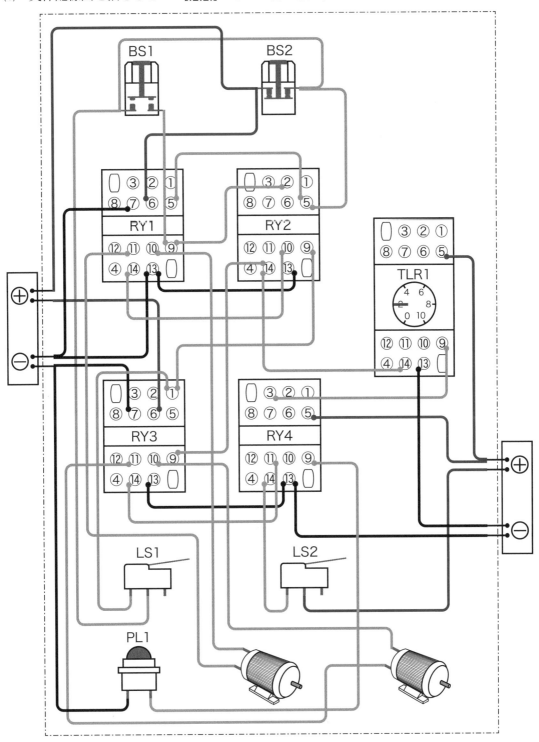

―― 著 者 略 歴 ――

田中　淑晴（たなか　としはる）

2007年　静岡大学大学院 理工学研究科 博士後期課程 修了
2007年　豊田工業高等専門学校 機械工学科 助教
2010年　豊田工業高等専門学校 機械工学科 講師
2014年　豊田工業高等専門学校 機械工学科 准教授
2019年　愛知工業大学情報電子専門学校 非常勤講師
2023年　大同大学 工学部 機械システム工学科 准教授
2024年　大同大学 工学部 機械システム工学科 教授（現在に至る）

学位：博士（工学）（2007年 静岡大学）

つないでナットク！　シーケンス制御ドリル60問

2022年 8月19日　　　第1版第1刷発行
2024年 7月17日　　　第1版第2刷発行

著　者　田　中　淑　晴

発行者　田　中　聡

発　行　所
株式会社 電気書院
ホームページ　www.denkishoin.co.jp
（振替口座　00190-5-18837）
〒101-0051　東京都千代田区神田神保町1-3 ミヤタビル2F
電話(03)5259-9160／FAX(03)5259-9162

印刷　中央精版印刷株式会社　DTP　Mayumi Yanagihara
Printed in Japan／ISBN978-4-485-66558-9

• 落丁・乱丁の際は，送料弊社負担にてお取り替えいたします.

[本書の正誤に関するお問い合せ方法は，最終ページをご覧ください]

書籍の正誤について

万一，内容に誤りと思われる箇所がございましたら，以下の方法でご確認いただきますようお願いいたします．

なお，正誤のお問合せ以外の書籍の内容に関する解説や受験指導などは**行っておりません**．このようなお問合せにつきましては，お答えいたしかねますので，予めご了承ください．

正誤表の確認方法

最新の正誤表は，弊社Webページに掲載しております．「キーワード検索」などを用いて，書籍詳細ページをご覧ください．

正誤表があるものに関しましては，書影の下の方に正誤表をダウンロードできるリンクが表示されます．表示されないものに関しましては，正誤表がございません．

弊社Webページアドレス
https://www.denkishoin.co.jp/

正誤のお問合せ方法

正誤表がない場合，あるいは当該箇所が掲載されていない場合は，書名，版刷，発行年月日，お客様のお名前，ご連絡先を明記の上，具体的な記載場所とお問合せの内容を添えて，下記のいずれかの方法でお問合せください．

回答まで，時間がかかる場合もございますので，予めご了承ください．

郵送先

〒101-0051
東京都千代田区神田神保町1-3
ミヤタビル2F
㈱電気書院　出版部　正誤問合せ係

ファクス番号　**03-5259-9162**

弊社Webページ右上の「**お問い合わせ**」から
https://www.denkishoin.co.jp/

お電話でのお問合せは，承れません

(2021年6月現在)